Le calendrier
maître du temps?

1週間を7日とすることは、
バビロニアとユダヤ教から受け継がれた。
発祥地は7を不吉な数とみなしていたバビロニアである。
あらゆる禁忌は月はじめから数えて、
7日目、14日目、21日目に定められた。

暦の歴史

ジャクリーヌ・ド・ブルゴワン=著
池上俊一=監修
南條郁子=訳

知の再発見 双書96

Le calendrier
maître du temps?
by Jacqueline de Bourgoing
Copyright © Gallimard 2000
Japanese translarion rights
arranged with Edition Gallimard
through Motovun Co.Ltd.

本書の日本語翻訳権は
株式会社創元社が保持
する。本書の全部ない
し一部分をいかなる形
においても複製、転機
することを禁止する。

日本語版監修者序文

池上俊一

　わたしたちは，暦なくしては1日たりとまともな社会生活を送ることができない。家から出掛けた行く先が，会社であれ，学校であれ，あるいは病院やデパート・映画館であれ，おなじ暦を共有し，すこぶる正確に時間を遵守する面々の存在を前提としてのみ，用事をすますことができる。また，信用を喪失しまい，人格を疑われまいと，日付・曜日と時間を，手帳や時計（携帯電話）で何度も確認しながら，ようやく1日を大過なく過ごすことができるというありさまだ。暦のうちでも，グローバル化とIT化時代の到来で，「西暦」の圧政が世界を席巻しつつあることは，記憶に新しい2000年問題の騒動で，あらためて思い知らされたばかりである。国際的な金融市場の拡大の一環として，この暦と時間の圧政は世界を牛耳っているし，機械的・電子的な暦や時間に振り回されることに，わたしたちは，疎外感をも感じ始めている。だが，今の日本で，西暦を捨て，元号のみ，しかも旧暦（太陰暦）を復興しよう，などという戯言を吐く人は，よもやいないだろう。

　ところで，なぜ暦（計時）は，完全な十進法で合理化されていないのだろうか。1

年はなぜ冬の最中に始まり，12ヶ月なのか。それぞれの月にしてからが，30日と31日と28（閏年には29）日とばらばらだし，1週間は7日で構成され，月や年の日数とは無関係に反復し，進行してゆく。1日は24時間で，1時間が60分，1分が60秒と，こちらは，六十進法であるのは，考えてみればおかしなことだ。これらの単位の数のちぐはぐな組合わせには，誰でも子供時代，一度は疑問を感じることがあるのではないだろうか。さらに，西暦紀元が，どうしてイエス・キリストの誕生から始まるのか，月を規準とした太陰暦と，太陽を規準とした太陽暦は，どんな関係にあるのか，現代科学による厳密な時間測定に，現行の暦は耐えうるのか……

　こうした，もろもろの素朴な疑問に，ジャクリーヌ・ド・ブルゴワンによる本書『暦の歴史』は，きわめて分りやすく答えてくれる。そして後半の資料篇では，前近代の民衆の暮らしに密着した経験的な暦の魅力の数々，グレゴリオ暦に反撥して1792年に始まり徹底的に十進法を採用したにもかかわらず失敗した「フランス共和暦」，さらにはジャリの「パタフィジック万年暦」といった現代の奇矯な創作暦の試みまで，暦を

めぐる楽しい逸話を，当時の肉声で堪能できる。

　世界を制覇したかに見える西暦（グレゴリオ暦）は，それを細かく解剖してみれば，けっして厳密に科学的合理性一本槍ではないし，そこには，純粋な太陽暦に太陰暦が混入している。しかもその成り立ちの歴史の層には，エジプト・メソポタミア，ギリシア・ローマ，ユダヤ・キリスト教と古代の大文明の創意工夫が合流している。諸文明の交点に成立し，太陽や月や恒星や惑星など，宇宙大の自然界と交感する暦は，まことに，世界を股にかけた比較文化史の格好のテーマであろう。

　従来，政治や宗教と密接に結びついていた暦だが，グレゴリオ暦に基づく現在の暦（計時法）は，ほぼイデオロギー色を脱して中立化したように見える。それにもかかわらず，あるいそれゆえにこそ，この暦は圧倒的な抗いがたい力をもっていることを見逃してはならない。とくに注目したいのは，暦の変わり目のもつインパクトである。この変わり目とは，とりもなおさず，大きな数字の転換点であり，これは，もとはといえば恣意的で，それに何の意味もないはずなのだが，世紀・千年紀の変わり目に際

して,「何かが起こる」という不安と期待の動揺が,もう千年以上前からヨーロッパでは繰り返されてきたし,今やそれが世界中に拡大しつつある。「世紀末」という言葉が市民権を得ていることから窺われるように,世紀がどんじり近くなると,こころが追い詰められ,デカダンな文化現象を量産してゆく。数字の魔術への集団心理的な反応に違いないと心得てはいても,性懲りもなくその魔術に引っ掛かってしまう。また,わたしの携わっている歴史学では,「世紀」の概念なしには,いかなる議論も展開できないが,その慣例化が,逆に,世紀によって,歴史が大きく転換するような錯覚を与えている。注意しなくてはならない。

　暦に振り回されている感のある現代人だが,暦や時間は,元来,人間の生活・活動を助けるために作られたのだということを,本書を読みながら心して思い返したい。農業を計画的に行うために始まった時の整理と管理が,暦の起源なのであるし,その後各地で,地域の統治の実状,文化的・宗教的伝統に則して,様々な暦が工夫されてきたのだから。暦をもう一度人間化するために,新たな工夫があってもよいだろう。

タイムズ・スクエア（ニューヨーク）2000年1月1日

西暦2000年1月1日に行われた世界各地の祝賀行事（p.5～p.13）

ベルリン2000年1月1日

エジプト（ギザのピラミッド）2000年1月1日

香港2000年1月1日

シドニーのオペラハウス2000年1月1日

CONTENTS

第1章 暦の誕生 …………………………………… 17
第2章 ユリウス暦から教会暦へ …………………… 45
第3章 計測の道具 ………………………………… 71
第4章 暦と政治と宗教 …………………………… 97

資料篇
——時のものさしの物語——

1 暮らしと暦 ……………………………………… 118
2 時を変える ……………………………………… 129
3 風刺カレンダー ………………………………… 137
4 世紀と千年紀 …………………………………… 143
おもなキリスト教典礼 …………………………… 148
INDEX ……………………………………………… 149
出典(図版) ………………………………………… 153
参考文献 …………………………………………… 157

暦の歴史

ジャクリーヌ・ド・ブルゴワン✤著
池上俊一✤監修

「知の再発見」双書96
創元社

EQUOS ANM / ... SAMON...

I		D	...IVOS	•	II	D
II			PRINI·LAG·IVOS	•	III	III M D
III	M	D	SIMIIVOS	•	III	III D
IIII	M	D	IVOS	•	IIII	M
V		D		•	V	D
VI	M	D	AMB	•	VI	M
VII		D	SIMIVISO	•	VII	PRIN
VIII		D	ELEMBI	•	VIII	D
VIIII		D	ELEMBI	•	VIIII	N M D
X		D	ELEMBI	•	X	M D
XI				•	XI	D
XII		D	AMB	•	XII	M D
XIII		D		•	XIII	II M D
XIIII	M	D	SEMIVIS	•	XIIII	II M D
XV	M	D	SEMIVIS	•	XV	II M D
		D	SEMIVIS CANO			

ATENOVX / ATENOVX

I	M	D	SEN·IVIS	•			
II	M	D	SIMIVIS	•	II	III	TRIN
III		D	N M B SIMIVIS	•	III		
IIII				•	IIII	II M D	
V	III	D		•	V	III	D
VI	III	D	AMB	•	VI	II M D	
VII	III	D	SIMISO	•	VII	D	IN
VIII	III	D	ELEM·AMB	•	VIII	N	IN
VIIII			ELEM B	•	VIIII	D	
X			AMB ELEM	•	X	II M D	
XI	III		AMB	•	XI	III	AMB
				•	XII	II M D	
			AMB	•	XIII	D	ANM
III III					XIIII	M D	
XIIII		D			XV	D	AM
			AMB				

M·E·LEMB... / M·D·VMA...

❖何のために暦をつくるのか。それは自然の規則性をあらかじめ知るためだ。農耕社会なら，種まきの頃あいを知るために太陽暦が必要である。漁労社会なら，潮の満ち引きを知るために太陰暦が必要となる。ところが，このふたつの暦を簡単に結びつけ，うまく運用していく方法を見つけようとすると，困難をきたすことになる。

……………………………………………………………………スティーヴン・ジェイ・グールド

第 1 章

暦 の 誕 生

⇐ガリアの暦
⇒北欧のルーン文字の暦──人々の知恵を結集し，長い時間をかけて作られる暦は，天体の動きに関する深い知識があってのものである。ガリアの暦も北欧の暦も，季節とのずれが生ずる大陰暦を調整しようとした。

社会生活の道具

　古来，世界ではさまざまな暦が作られてきた。マヤ暦，アステカ暦，ガリア暦，ギリシア暦，ローマ暦，中国暦，ユダヤ暦，コプト暦，イスラム暦……。時を秩序づけることに無縁であった社会はない。集団生活を営むためには，全員に共通な時の枠組をつくり，これによって社会活動を組織していく必要がある。

　暦とは，天体の周期にもとづき，年や，月や，日などの単位で時の流れを区切るシステムであり，上に述べた社会的要請に答えるものである。哲学者ポール・リクールの言い方に従えば，暦は宇宙時間と各人の経験時間との間に架けられた橋であり，宇宙時間とも経験時間とも異なり，すべての成員が理解できる社会時間を創り出す。

　暦の機能は大きく分けて二つある。ひとつは時の流れに節目をつけること，もうひとつは時を測ることである。節目をつけるとは，共同体の人々に暮らしと祭りの枠組をあたえること，労働日と祝祭日をさだめ，伝統行事の日を取り決めて，社会の成員の間に象徴的な絆をつくりだすことだ。どの社会も，それぞれ特徴を反映した独自の暦をもっている。一方，時を測るということは，時の長さ，つまり1年や1ヶ月などの長さをできるだけ客観的に定め，それを裏づけることだ。言いかえれば，定期的に起こる自然現象の中から特定のものを選んで秩序づけ，その秩序を維持するのである。

通約不可能な天体周期

　暦はすべて天体の観測にもとづいて作成され，規則的であることが誰にでも分かる自然の周期を基本単位とする。基本的な天体周期は三つあり，それぞれが1日，1ヶ月，1年の長さを決める。すなわち，地球の自転周期が1日，地球をまわる月の公転周期が1ヶ月，太陽のまわりをまわる地球の公

「暦は集団生活のリズムを表現する。と同時に，その規則性を保証するという働きもする」(エミール・デュルケム)

第1章 暦の誕生

←暦の作成(アステカ, ボルボニクス絵文書)——15世紀末, スペイン人の到来より少し前に作られたボルボニクス絵文書は, 占いと儀式に関する一種のマニュアルであり, アステカ暦のしくみが説明されている。アステカ暦もマヤ暦と同じく, 260日周期の暦と365日周期の暦を用いていたが, 左の絵には, この二つを結びつける52太陽年が, 13年ずつ4つのグループに分けて描かれている(260日暦が73回転, 365日暦が52回転で, 二つの暦の関係が元に戻る)。四角い枠の中には, その年を表す絵文字と, 1から13までの数と, 4年ごとに繰り返す記号(葦, 刀, 家, ウサギ)が描かれている。葦は日の出の太陽のしるしで誕生をあらわし, 刀は北のしるしで犠牲と闇, 家は日暮れに太陽が隠れる西の方角, ウサギは月をあらわす。中央には, 洞穴の中で暦を作っているシパクトナル神とその妻オショモコが描かれている。暦は, ヨーロッパ人が渡来する前の中央アメリカ文明において, 神の権威をあらわす最も重要な要素だった。

転周期が1年の長さを決めるのである。

ところがこれら三つの周期は, 暦を作る上で重大な問題を引き起こす。なぜなら, これらの間に簡単な数学的関係が存在しない, つまりどれをとっても他の倍数でないばかりか, それぞれの周期も一定ではないからだ。

1年の長さを考えよう。その測り方は一通りではないし, 測り方が異なると1年の長さも変わってくる。天球上で, あ

در سبب خسوف قمر وچون زمین عایل شود میان جرم قمر وجرم آفتا
سون پدید آید وقمر در نقطۀ راس یا ذنب باشد وجرم آفتاب بیش از کرۀ زمین ست
پس از ظل زمین مخروطی پدید آید قاعدۀ اوسط زمین باشد از بهر آنکه خطوط شعاعی کاز
باید بسطح زمین متساوی نباشد چون جرم زمین رسد از اصحاب او کبد زود بکشید یک کرۀ متصل
بریک نقطه از سایۀ زمین شکل مخروطی پدید آید چنانکه شرح داده شد اکر قمر را عرض نبود از

る恒星の真向かいにあった太陽が，ふたたびその位置に戻ってくるまでの時間を1恒星年というが，その長さは約365日6時間9分9.54秒である。これに対して1太陽年は，太陽が春分点を通過してからふたたび春分点に戻ってくるまでの時間をあらわす。現在，その長さは平均365日5時間48分45.96秒だが，地球の自転速度が少しずつ遅くなっているので，1太陽年もそれにともなって短くなりつつあり（1000年につき5秒の割合），長期的に完全な暦を定めることは不可能になっている。

月の公転周期もこれに劣らず複雑だ。新月から次の新月までの時間を1朔望月という。これは，平均すると29日12時間44分3秒だが，変動の幅が非常に大きく，29日6時間から29日20時間まで変わりうる。

1日の長さも一定していない。これは日の出から次の日の出まで，あるいは日没から次の日没までの時間で測られるが，23時間59分39秒から24時間0分30秒まで変わりうる。1日が24時間というのはおおよその平均値にすぎない。

1朔望月や1年は1日の整数倍ではない。ところが，暦は万人が使えるものでなくてはならないから，天体周期に合致していなくても，それらを1日の整数倍にして，簡単に日数が数えられるようにしなければならない。暦をつくろうした

⇦月の公転（ペルシアの細密画。16世紀）——月の公転運動は時を測るのに役立つ。1朔望月には4つの月相が含まれている。新月，上弦，満月，そして下弦である。月が現れてしだいに満ちてゆき，やがて欠けて消滅するという，目に鮮やかな一連の変化は，循環的な時の概念の形成に重要な役割をはたした。

⇩6面のカレンダー（シベリア東部）——多くの原始的民族が朔望月を用いて時を記録した。マンモスの牙に刻まれたこのカレンダーも太陰暦である。

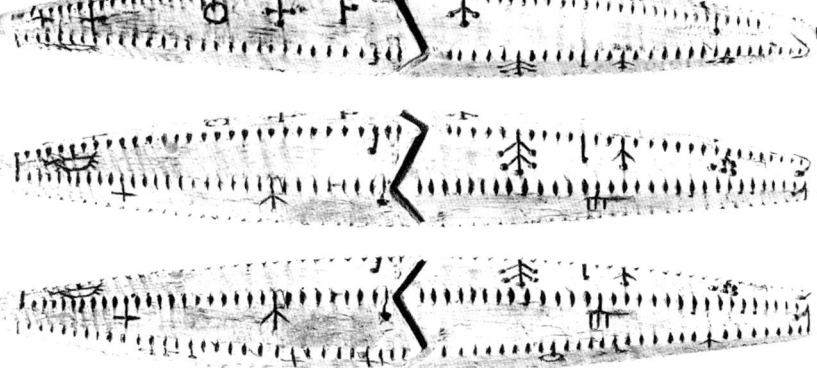

社会はすべてこの困難に直面した。基準の天体が月であっても太陽であっても、平均値を用いて暦を簡単にする必要がある。暦法はつねに「作為」であり、複雑な天体周期と折り合いをつける作業なのだ。

最初の暦は太陰暦だった

いかに時を区切るべきか。月をもとにしてか、太陽をもとにしてか。月の周期と太陽の周期を、ひとつの暦の中で両立させることはできるのか。

朔望月を単位として時を区切ることは大昔から行われていた。月の周期は容易に観測できる。満ち欠けを観察すればよいからだ。太陽年との関係は、朔望月が12集まって(354日)ほぼ1年に相当する。メソポタミア、エジプト、ギリシア、中国では、まず太陰暦が発達した。1朔望月はおよそ29.5日なので、太陰暦の1年は30日と29日を交互にならべた12ヶ月で構成される。古代バビロニアでは、太陽年とのずれがあまりにも大きくなると、為政者の命令で補正のための閏月が追加された。

今日、太陰暦で最もよく知られているのはイスラム暦である。西暦638年に定められ、29日の月と30日の月が交替する12ヶ月で1年が構成されるが、最終の月だけは実際の月の運行により近づけるため、29日と30日のうちどちら

「アラーが太陽に輝きを、月に光をあたえた。そして、季節や年を数えるのに便利なように月の時期を4つに分けた」(コーラン)

⇦イスラムのカレンダー——イスラム暦は30太陰年でひとつの周期をなしている。その内訳は、354日からなる平年が19年と、355日からなる閏年が11年である。イスラム暦の1年は1太陽年の日数に比べて約11日短いので、月と季節のずれが毎年大きくなっていく。現在われわれが使っているグレゴリオ暦との足並みがほぼ揃うのは33太陰年ごとである。

ムハンマドは暦に二つの祭りを設けさせた。ひとつはラマダーンの月のあと、断食が終わったしるしに行う祭り、もうひとつは犠牲の祭りである。より重要なのは後者で、この祭りが行われる3日間、イスラム教徒はアブラハムの犠牲(神の命令で息子を犠牲にしようとしたこと)を記念して動物を屠り、神に捧げる。犠牲の動物として一番多いのは羊だが、雌牛やラクダのこともある。

⇧刻み目がつけられたトナカイの角──旧石器時代後期につけられたこの刻み目は, 月の満ち欠けを記録した原始的な暦かもしれない。

かを選ぶことになっている。

　太陰暦は遊牧民や漁民の社会には適しているが, 季節とのずれが大きくなっていくため, 農耕民には使いにくい。このため社会によっては, 基本的には太陰暦を保ちながらも, 太陽年にあわせるため, 計画的に閏月を挿入するようになった。こうして太陰太陽暦が生まれたのである。

⇧アッシリアの石碑に彫られた月神シン──メソポタミアの神話では, 月神シンは太陽神シャマシュの父親だった。

第1章 暦の誕生

⇐ストーンヘンジの巨石建造物──太陽にもとづいて暦を作ったのはエジプト人とマヤ人だけではない。イギリス南部にあるストーンヘンジの環状列石は、これを建てた人々が太陽の動きについて正確な知識を持っていたことを証拠立てている。巨石の柱は同心円状に配置され、夏至には太陽が中央通路の、おそらく祭壇だったと思われる石(ヒールストーン)の背後から昇ってくる。前2000年頃にこれを建てた人々のことは何もわかっていないが、ストーンヘンジが聖域であると同時に、時を計測するための天文台として機能していたことはおそらくまちがいないだろう。

「夏至を意味するドイツ語のゾンネンヴェンデ(Sonnenwende)は、文字通り『太陽が向きを変える点』という意味である。この日、夏の行路の極点に達した太陽がまわれ右をするのだ。
(略)ストーンヘンジを建てた人々も、他の多くの人々と同じく、太陽が彼らに対して歩みの向きを変えるその瞬間を、正確に測定しようとした。それというのも、彼らがこの変化を、特定の活動を始めるための合図と受け取ったからである」(ノルベルト・エリアス)

メトン周期とユダヤ暦

太陽年にあわせて太陰暦を調整する巧妙な方法を発見したのは，ギリシアの天文学者メトン（前5世紀）だといわれている。彼は19太陽年がほぼ正確に235朔望月に当たることをつきとめた。19太陰年は228朔望月（12×19＝228）だから，19太陰年につき7回（7＝235−228）朔望月を挿入すれば，太陰年と太陽年の足並みがそろう。アテネ市民はこの発見に感心し，オリンピックが開かれた前432年，アテナ神殿にメトン周期を金文字で彫り込んだ。だが実際の使い方はいたってルーズで，閏月はいつまでたっても気まぐれにしか挿入されなかった。

後4世紀になって，ユダヤ人がメトン周期を上手に利用し，きわめて精巧な太陰太陽暦を作り上げた。彼らは昔から太陰暦を用いていたが，宗教上の理由から，何としてもそれを季節のリズムに合わせる必要があった。というのは，過越の祭り（ペサフ）を春の始めに行わなければならなかったからだ。過越の祭りは，彼らの祖先がモーセに率いられてエジプトを脱出したことを記念する祭りだが，聖書（「出エジプト記」12−13章）によれば，出エジプトが行われたのは，春の祭りである除酵祭の頃だった。月と季節がずれすぎて，除酵祭が行われるべきニサンの月に，儀式に必要な大麦がまだ熟していないときは，最高法院（サンヘドリン）が経験的に調整を行って，ニサンの直前の月をもう一度繰り返させていた。後359年，大祭司長ヒレル2世が暦法を改め，各地に離散したユダヤ人すべてが同じ時に祭りを行えるようにした。ユダヤ暦がメトン周期を取り入れたのはこのときである。一方，バビロニアや中国でも独自にメトン周期が発見され，太陰暦に代わって太陰太陽暦が用いられるようになった。

最初の太陽暦：マヤとエジプト

太陽暦の時の区分法は，地球の公転によって起こる太陽

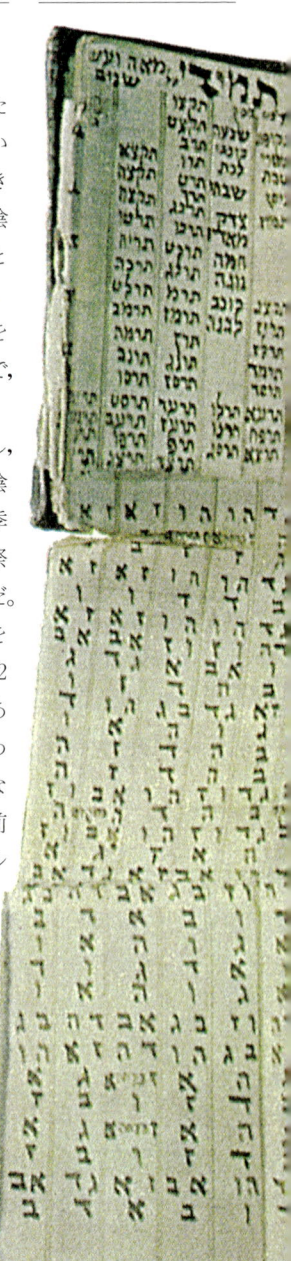

第1章 暦の誕生

のみかけの運動にもとづいている。農作業にはこの暦が欠かせない。毎年巡ってくる時節を正確に見きわめて事を行う必要があるからだ。時期を見て土地を耕し，降雨が見込まれる頃に種をまき，貯蔵した食料は次の収穫期まで上手に管理しなければならない。マヤと古代エジプトの暦は，知られている中で最も古い太陽暦である。

マヤにはツォルキン暦，ハアブ暦と呼ばれる二種類の暦があった。どちらも20進法にもとづき，ツォルキン暦は260日，ハアブ暦は365＋5日で1年を構成していた。後者が太陽暦である。その1年は18日を単位とする20の期間からなり，すべての日に名前がついて，360日でトゥンと呼ばれる一つの単位をなしていた。これにワヤップと呼ばれる不吉な5日間がつけ加えられて365日となる。マヤの人々は，一年に足りない日数を定期的に記録して，太陽の運行と暦の間にずれが生じないようにしていた。彼らは高度な器具を持たなかったが，きわめて精度の高い太陽暦をつくりあげた。

古代エジプト人は，時の区分法を大きく進歩させた。地中海世界で最初に（遅くとも前3千年紀から）太陽暦を使い始めた彼らは，それを可能なかぎり簡単な形に整え，誰でも使える便利な道具にしたのである。出発点は次のような現象の発見だった。1年に一度，しば

⇐ユダヤ教の携帯用カレンダー（19世紀）——ユダヤ暦は非常に込み入っている。29日または30日を1ヶ月とし，12ヶ月で1年が構成される。だがそのうちの2ヶ月は，できるだけ正確に月の動きに合わせるために，年によって日数を変える（その組み合わせは3通り）。また，ユダヤ教は前3761年を天地創造の年として，この年を起点に年を数えるが，その年数を19で割った余りが 0，3，6，8，11，14，17になる年には，30日の閏月を挿入する。そこで，ユダヤ暦では1年の日数が6通りに変化し，平年は353日，354日，355日の3通り，閏年はそれぞれに閏月の30日を加えた383日，384日，385日となる。

⇓過越しの祭りのための種なし装飾パン（ユダヤの写本）

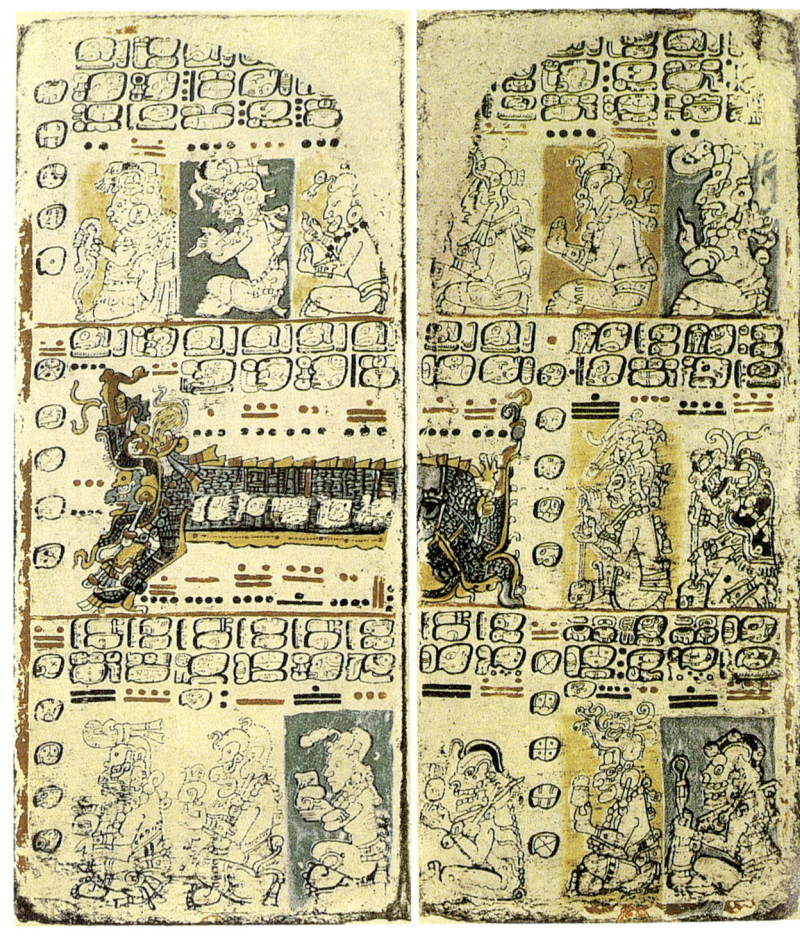

↑マヤの暦書(ドレスデン絵文書)——スペイン人による破壊を運よく免れたドレスデン絵文書は、マヤの神官たちが天体について、どれだけ広く正確な知識をもっていたかを教えてくれる。

らく空から姿を消していたシリウスが、日の出の太陽とともに東の空に昇ってくる。するとまもなくナイル川の増水が始まるのだ。シリウスの日の出時の再出現という現象は、3年続けて365日ごとに起こり、4年目には1日遅くなった。エジプト人は1ヶ月を30日として1年を12ヶ月に分け、これに余

日と呼ばれる5日間をつけ加えた。彼らの1年は1/4日短かったが、閏年を設けなかったので、暦はしだいに季節とずれ、ふたたび一致するのは約1460年後ということになった。その後エジプトはローマに征服され、カエサルの暦を強制されたが、古代エジプト暦は民間暦として後3世紀まで生き残った。

日，月，季節

どんな暦も、年や、月や、日といった単位で時の流れを区切るが、その時をどのように過ごし、時とどのように関わるかについては、各社会に固有のやり方がある。最小の単位は1日である。昼と夜の交替が基本的な時のリズムをつくりだす。今日われわれは昼と夜をそれぞれ12時間とし、1日を24時間に分けているが、これは古代バビロニアの天文学者が定めた方法である。なぜ12時間なのだろうか。それは12朔望月がほぼ1太陽年に当たるからだと言われている。1年が12に分かれるなら、昼間も同じように分かれたっていいではないか。古代バビロニアでは60進法が使われていたことも付け加えておこう。12という数を選んだ理由はそこにもあるのではないかと思われる。12は60の約数だからである。

1日の始まりは暦によって異なる。古代エジプトやインドの暦では、日の出とともに1日が始まり、ユダヤ、イスラム、中国の暦では日没とともに始まる。ローマの暦では真夜中に

↓古代エジプトの暦（新王国時代）——エジプトでは、天の現象（シリウスの再出現）と地の現象（ナイルの増水の規則性）の組み合わせが、暦の作成のかなめとなった。ここにあげた暦（断片）はエレファンティネ島の祭りに関するもので、シリウスが70日間見えなくなっていたあとで再び空に現れたとき、神々に捧げるべき供物がリストアップされている。シリウス再出現の日はエジプト暦の新年がはじまる目印となっていたが、しだいに暦とずれて一致しなくなった。しかしエジプトの神官団は、このずれのおかげで毎年違う日にシリウスを称えることができるといって、改暦には強硬に反対した。シリウスは大犬座の主星で、毎年7月末頃から8月末頃にかけて太陽とともに東の空に昇る。

⇧太陽と月（ペルシアの細密画）——聖書の中で神は言う。「天穹に照らすものがあって昼と夜を分け、祭りのしるし、日や年のしるしとなれ」（創世記）プラトンにおいては、太陽と月は時の番人だった。「太陽と、月と、さまようものと呼ばれる他の五天体は、時の数を定め、それを保つために現れた」（『ティマイオス』）

始まったが、これは合理精神によるものだった。1日の出発点は、日没と日の出から同程度に離れているべきだと考えられたのだ。今日の暦はこの取り決めにしたがっている。

　1ヶ月の長さは月によって決まる。太陰暦と太陰太陽暦の1ヶ月は、月の満ち欠けと直結している。インドでは1ヶ月を2つの期間に分け、新月から始まって満月に至るまでの約15日を白月、残りを黒月と呼んでいた。イスラム暦の月初めは、新月の2日後にあらわれる最初の三日月とともに始まる。一方、太陽暦の月は月周期とは無関係で、年を区分けするための便宜的な単位にすぎない。

　月の名前は、気候の特徴や農作業と関連していることが多い。コンゴ川の河口に暮らす人々は年の最初の3ヶ月を「飢

え」（収穫前の時期），「少ない雨」，「女のような雨」（細かい雨）と呼んでいる。

民族学者ジャン・マロリーによると，イヌイットの古い暦では，月の名前に北極地方の生活のリズムが刻まれていたという。月の頃（1月），太陽が現れる（2月），昼が戻ってくる（3月），太陽が熱い（4月），鳥が戻ってくる（5月），ヒナが孵る（6月），新しく生まれた鳥が南へ飛び去る（8月），湖が凍る（9月），耳を傾ける（11月）…。

季節も日と同じく，感覚で直接的にとらえることができる。だが日とは異なり，季節は世界共通の時の区分単位ではないし，その数も国や気候によって異なる。温帯地方では，1年は特徴のはっきりした四季からなり，各季節の始まりは，春分・秋分・夏至・冬至のいずれかに置かれることが多い。だが中国では，二分・二至は季節の中央に置かれ，始まりはその6週間前と定められている。各季節は6週間かけて準備をし，次の6週間で「それらしさを表す」と言われているのだ。熱帯地方の1年は，雨季と乾季の二季からなるのがふつうだが，インドの民間暦では六季，すなわち春季，夏季，雨季，秋季，冬季，冷季に分けられていた。

⇧秋（中国の木版画）──季節は経験的な時の区分法であり，その継続期間は天気や植物など自然の変化に左右される。季節は暦の中で重要な位置を占めるが，それは季節が農作業の時期を決定するからである。中国では，農作業は春に始まり，秋に終わる。中国の田舎では，春は婚約，秋は結婚の季節でもあった。

暦の単位：年

年は最も大きな時の区分単位で，芽吹きから冬枯れまでの植物の生育の周期をあらわしている。どんな社会もこのサイクルを重要視して，集団生活における重要な節目としている。

温帯地方では，年始は太陽周期の境目である冬至や春分の頃に置かれるのがふつうだが，夏至（古代エジプトや古代ギリシア）や，秋分（現在のユダヤ暦）に置かれることもある。農村社会では，1年は春に始まることが多かった（ゲルマニア，イラン，初期のローマの暦）。

新年の祭りは，どんな社会においても特別に重要視されていた。昔の人々は，われわれほど天体の運行の規則性に確信がもてなかった。そこで年が変わるたびに，呪術によって新年の創造を手助けしなければならなかったのだ。

改新の儀式は古い年を終わらせるという役目を果たした。新たな始まりがあるためには，まず古いものが終わらなければならない。中国では，年末は若者と老人のせめぎあいの時期と考えられた。老人は古い年を終わりに導き，若者は新たな始まりに向けて年が再生し，若返るのを助ける。また，1年の終わりに秩序の転覆や混乱の期間をもうける社会もあった。年が明ける前に無秩序を追いはらうのである。古代ローマでは年末にサトゥルヌス祭という祭りが行われていたが，これは全員がはめをはずす狂騒の期間であり，奴隷が主人に命令するなど，日頃の規範がひっくり返る時でもあった。ヨーロッパ中世，やはり年末に行われていた愚者祭りや罪なき聖嬰児祭にも，似たような秩序の転覆が見てとれる。

多くの社会で，年の境目は，翌年の12ヶ月を凝縮して予告するような12日間からなっていた（小アジア，中国，ヨーロッパ中世）。この間，メソポタミアでは来たる月々に起こりそうな事を予想した。フランスでは農民が年末の12日の天気にもとづき，来たる12ヶ月の天気を占った。世界の多くの地域で年末が12日からなっているのは，太陽年と太陰年の差に由来するのではないかといわれている。

⇦ニュルンベルグの謝肉祭（15世紀）──昼が夜を追い出すように，新しい年は古い年を追い払う。宗教史家ミルチャ・エリアーデは，このような時の切れ目が伝統的な社会にとってどんなに重要かを指摘している。「このように時を切断するとき，われわれが目にするものは，単にある期間の停止と，別の期間の開始だけではない。過ぎた年，流れた時が御破算にされる。それが浄めの儀式の本質である。個人の社会全体の犯した罪や過ちがまるごと焼き払われ，無に帰するのであって，単なる浄化とはわけが違う。再生とは，文字通り生まれかわることである。……新年を迎えるということは時を出発点に戻すこと，宇宙創成物語を繰り返すことなのだ。二手に分かれて演ずる戦いの儀式，死者の仮面，サトゥルヌス祭やバッカス祭はどれも，年の終わりに新年への期待をこめて，混沌から創成にいたる神話的な時間が繰り返されることを示している」（『永遠回帰の神話』）

暦の単位：週

週は，暦の中で例外的な位置を占めている。時の区分単位

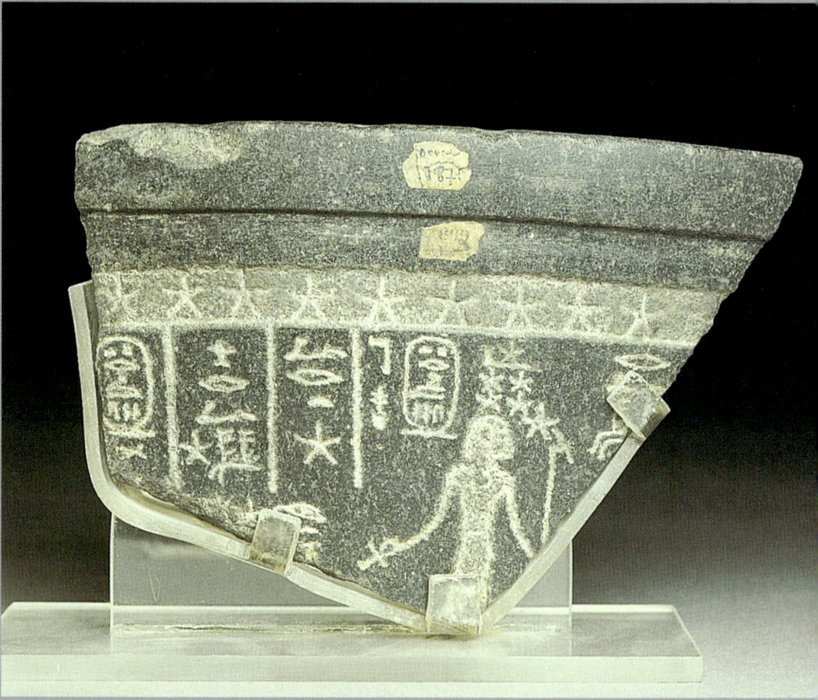

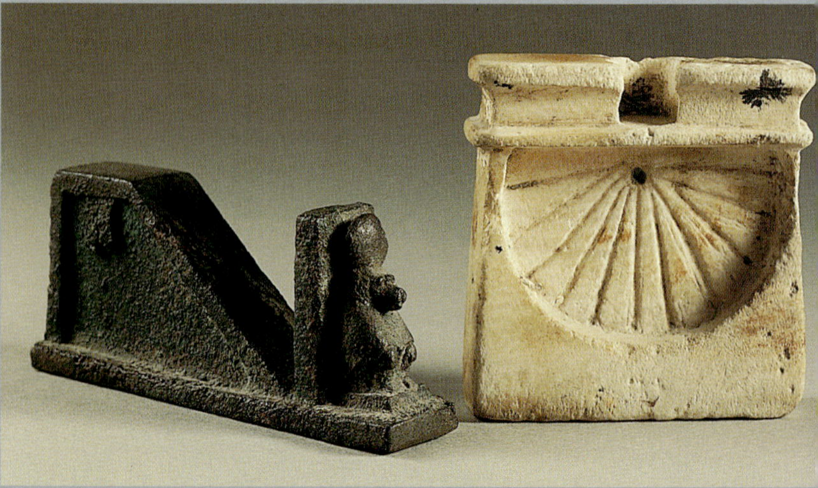

第1章 暦の誕生

⇐古代の時計──古代の人々は時を測るのに二つの道具を用いていた。日時計と水時計である。日時計の方が歴史は古く、もとは地面に棒を突き刺すだけの簡単な装置だった。地面にできる棒の影の長さと方向を調べることにより、1年のうちの、または1日のうちのいつ頃に当たるかを知ることができる。影が一番短くなるのは、夏至の日の正午である。これを改良して、時刻をあらわす線や、日付をあらわす線を入れた結果、写真（右下）のような日時計ができた。水時計は水を流出させて時の長さを測る道具で、曇りの日や夜でも使えるが、日時計と同じように不正確で、自然の気まぐれに左右されやすかった。水時計と砂時計を比べて、16世紀後半の年代学者ジョゼフ・スカリジェルは次のように書いている。「水時計の方が時間は短いが、より確かである。なぜなら砂は積もったり湿ったりするので常に流れるとは限らない。一方、水は穴さえあれば絶えず流れ出るが、なくなってしまうので注ぎ足してやらなければならない」

のなかで週だけが完全に人工的で、自然の規則性にもとづかず、純粋に数学的な論理にしたがっているからだ。つまり1週間は7日からなり、この周期は無限にくりかえす。この特徴からもうひとつの特殊性が生まれる。すなわち、週は他の区分単位と歩調を合わせず、それらを分断する。1年はきっかり12ヶ月だが、きっかり何週と数えることはできない（52週と1日または2日）。こうした人工的な単位で時を区切った社会はいくつかあるが、その理由としては次の三つが判別できる。複雑な占い周期をあらわすため（インドネシア）や、定期市の実施（中国、ローマ）、そして最後は宗教的理由（ユダヤ教、キリスト教、イスラム教）からである。エジプト、ギリシア、中国では旬日制（10日単位）がとられていた。ローマでは8日ごとに市が立っていた。

　1週間を7日とすることは、バビロニアとユダヤ教から受け継がれた。発祥地は7を不吉な数とみなしていたバビロニアである。あらゆる禁忌（タブー）は月初から数えて7日目、14日目、21日目、28日目に定められていた。また週の各日は、当時知られていた七天体（七曜）の名で呼ばれていた［日本の曜日名はこの命名法にしたがっている。当時は水星、金星、火星、木星、土星の五惑星と、太陽と月、合わせて7天体が天球上の惑星と考えられていた。日月火水木金土という順番は、占星術的な理由にもとづいている］。

　ユダヤ人は週単位で生活を律した最初の民族である。その根拠は『創世記』にあった。神は6日で天地を創造し、7日目に休息したと書いてあるからだ。ユダヤ人がシャバト（安息日、7日目の休息）を厳密に守ることによって、週単位で

↓旬日のナオス（第30王朝）――エジプト人は時を3つに分けて考えることが多かった。1年は増水季、播種季、収穫季の3つの季節に分けられ、1ヶ月は10日ずつ上旬、中旬、下旬に分けられた。人生にも3つの時期があった。区分された時にはそれぞれ特定の神が対応していた。下のナオス（祠堂）の上部には、1年を構成する36旬が、舟に乗った人面鳥の姿であらわされている。これらの鳥は、対応する旬日の黄昏に東の空に現れる星や星座をあらわしていた。

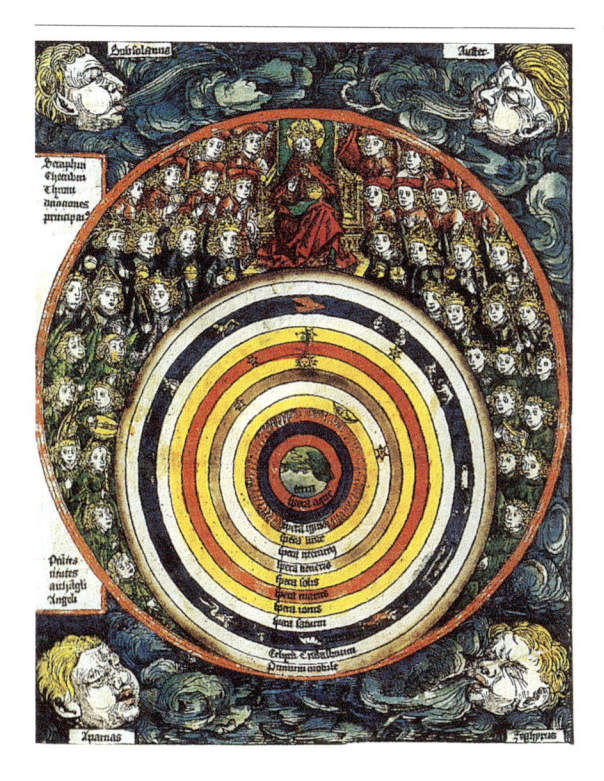

⇦ 天地創造（1483年）——週の制度は聖書の伝統に深く根をおろしている。7日目の休息は十戒の一部である。「安息日(シャバト)を心に留め、これを聖なる日とせよ。6日間は働いて自分の仕事をするがよい。だが7日目は、汝の神ヤハウェのための安息日である。汝も、汝の息子も妻も、下男も下女も、家畜も、汝の町にいる寄留者も、いっさい仕事をしてはならない。なぜならヤハウェは6日で天と地と海と、それらに含まれるすべてのものを創造し、7日目に休まれたからだ。それゆえヤハウェは安息日を祝福し、これを聖別された」。ユダヤ暦の週日には、安息日との関係で名前がつけられた（たとえば安息日の2日前というように）。キリスト教会は週日を番号で呼ばせようとしたが、成功しなかった。今日ではポルトガル語だけが、当時の番号による呼び名を保っている。他のラテン系言語では、日曜日につけられた「主日」という名だけが生き残った（フランス語のディマンシュ、イタリア語のドメニカ、スペイン語のドミンゴ）。

暮らし始めたのはバビロン捕囚時代（前586〜前538年）だった。神殿で祈ることができなくなった彼らは、7日に1日、神に捧げる日を設けることによって、神殿という空間を失ったかわりに時間に置きかえ再生させたのだ。その後、週の使用は小アジアにひろまり、ギリシア、アレクサンドリア、ローマにひろまった。5世紀にはインドに伝わり、9世紀頃には極東にまで及んだらしい。ユダヤ教にならって、他の一神教社会も1週間のうちの1日を神に捧げるようになった。キリスト教の日曜日、イスラムの金曜日がこれに当たる。こうして労働と休息、普通の日と特別の日が規則正しく交替する新たなリズムがつくりだされた。このリズムは社会生活を組

織する上で非常に好都合なことがわかった。今では世界中がこのやり方に従っている。

年の数え方：循環年法と紀年法

　時は1年を超えて長期的にも数えられる。その方法は文明によって異なり、循環的に数えられることもあれば、ある年を起点として直線的に数えられることもあった。

　初期の暦はある大きな周期の中に組み込まれていた。マヤのハアブ暦では、360日でトゥンと呼ばれるひとつの周期をなしていた。トゥンが20集まってカトゥン（7200日）となり、カトゥンが20集まってバクトゥン（144000日）となる。大周期は13バクトゥン（1872000日）からなり、年末の5日を含めたハアブ暦の約5128年に相当した。大周期は、創成、摩耗、崩壊という3つの過程をたどった（これはマヤに限らず、大周期を用いていた大方の宗教に共通している）。マヤの人々は、前3114年に始まった自分たちの大周期が終わると、新たに同じ長さの大周期が始まり、新しい世界が生まれるのだと思っていた。

　仏教やヒンズー教の暦も、やはり長い周期の中に組み込まれていた。中国の時の区分法は60進法的なサイクルにもとづき、年にも日にも適用された。年も日もそれぞれ「十干」と「十二支」から作られた60通りの組み合わせの一つであらわされる。同じ組み合わせの年があらわれるのは60年後であ

⇨四角柱に刻まれた楔形文字文書──メソポタミアの有力な都市国家、ラルサの歴代君主の治世が年代順に記されている。このような年表は、のちにアレクサンドリアの天文学者たちが年数計算を行う上で、大変貴重な手がかりとなった。

る。[十干と十二支を機械的に組み合わせると120通りだが、それぞれの干と支に陰または陽が配されており、陰と陽の組み合わせは排除されるので60通りになる]。

古代地中海世界では、王朝の創始や王の即位などの出来事が起こるたびに、そこを起点として年を数えていた。短い周期も用いられた(ギリシアならオリンピック、ローマなら執政官の任期)。

時の概念の一大刷新は、ユダヤ教からやってきた。ユダヤ人の考えでは、時はある方向をめざして進んでいく。世界は神によって創られ、メシアの到来で終末を迎えるのである。それは史上初めて現れた直線的な時の概念であり、のちにはキリスト教がこれを強制した。イスラム教徒は独自の紀年法を定め、ムハンマド(モハメッド)がメッカからメディナに逃れた年(西暦622年)をヘジラ元年とした。

これらの例を通して、年を数える際の基準は、天体ではなく人間だということがわかる。紀年法の出現とともに歴史時代が始まった。連綿と続く時の流れの中に出来事を発生順にならべ、それらを記憶することが可能になったのである。

⇐太陽の石(左)には、時が循環するというアステカ人の考えがみごとに要約されている。中央は、血に飢え、舌を垂らした太陽で、現世界をあらわしている。それを取り囲む四つの四角は、現世界の前に生まれて滅んだ四つの世界である。世界は太陽に依存しており、太陽の運動は生贄によってしか維持され得ない。このモチーフのまわりにツォルキン暦の20の記号が配され、さらにそのまわりには世界のさまざまな周期が組み合わされている。

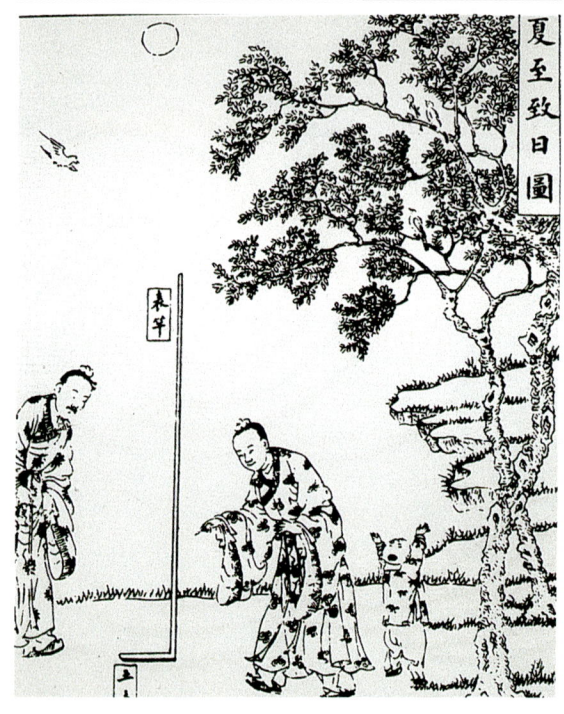

⇦夏至に棒の影を測る中国の天文学者──中国では，公的行事を運営していく上で，天文学者が重要な役割を担っていた。公的儀式の日取りを決めるために，毎年皇帝の暦を編纂し直したからである。完成した暦は盛大に発表され，帝国中に配布された。皇帝は天地をうまく運行させる能力のあることを人民に示さなければならず，そのために責任を持って正しい暦を作らなければならなかった。

権力，科学，宗教

　科学的知識と，信仰心と，政治的意図を総合して作られる暦は，科学と宗教と権力が社会の中でどのように関わり合っているかを明らかにしてくれる。

　そのようすは中国春秋時代の暦に特にはっきりとあらわれている。天子は天帝の子であり，その権力は天に由来するから，天帝の意に添うように国を治めなければならない。そのためには時に文明を持ち込む，つまりできるだけ正確な暦を編纂することが必要になる。編纂作業にあたるのは天文学者である。彼らは生涯をかけてこれを請け負う。中国学者マル

↑黄帝──中国の歴史は神話的な五皇帝に始まるといわれている。その初代である黄帝は「いたるところに太陽と月と星のための秩序を築いた」。

セル・グラネによれば，天子は天と地の仲介者としての役割をもっていた。天子は天を掌握しているからこそ，地を掌握することができる。「君主は太陽の運行を模して地上を巡ることにより［巡幸のこと］，天帝から子として認められる」。古代，天と地を結ぶ政（まつりごと）は「明堂」と呼ばれる宮殿で行われていた。明堂は東・西・南・北と中央，合わせて五つの建物群からなり，天子はそこで政令を発したという。春の政令は東の建物，夏の政令は南の建物というように，季節によって政令を発する場所は変わった。夏のあとの土用（一年の真ん中）の期間は，中央の建物にとどまることになっていた。暦の唯一の支配者であり，地を活気づける天子は，すべての民のために時を治めたのである。

　暦は，社会生活を支配するための権力の道具である。権力者は時を操作することができる。閏日や閏月を加えたり，祭日や納税期限日を変えたり，年や月の始まりを宣言することができる。時の操作をめぐって権力争いが起こることもある。エジプトでは，前238年にプトレマイオス3世が，4年ごとに余日を1日増やそうとしたが，神官団の反対にあって改暦を断念した。ローマでは，公の暦は秘密にされていたが，前304年に起こった平民の反乱のさい，一人の解放奴隷が秘密の法典を奪って民衆に公開した。

　暦はつねに宗教を起源にもち，宗教によって方向づけられ，一定の意味をあたえられてきた。神々と人々を結びつける神官が，暦を定める上で重要な役割をになった。なぜなら彼らが聖と俗を区別するからだ。あれやこれやの行事を行うのに適した時期を決め，祭りの日を定め，それがうまく運ぶように手配する。宗教学者ミルチャ・エリアーデは，聖なる時が社会生活においていかに重要かを指摘している。聖なる時は循環的であり，毎年まったく同じ儀式がくりかえされる。この時は非歴史的であり，過ぎた時を御破算にすることによっ

↑天壇の祈年殿（北京）——天壇とは，明代以降，皇帝が祭天儀礼を行った祭壇をいう。祈年殿はその付属建物で，祭壇の北に位置している。中国の天文学者たちは，栄えある官僚集団の一員として複雑な暦の編纂に従事していた。それは，折り合わないものを折り合わせるという困難な仕事だった。つまり24節気で構成される太陽暦と，太陰暦を調節するのだ。彼らは各月の15日目がちょうど満月になるように1ヶ月の長さを定めなければならなかった。また，日食と月食は天帝が天子に送る合図と考えられていたので，これらの日時を正確に予告するのも彼らの仕事だった。

て逆に時を過ごしやすくする。つまり、神の前に集まった人々は、熱狂の中で団結感を強め、日々の労苦をよりよく辛抱できるようになるのだ。

前6世紀、アテネの政治家クレイステネスはある政治暦をさだめて、この都市に住む10部族が順番に権力を握るようにした。この暦の構造は、歴史家のジャン＝ピエール・ヴェルナンやピエール・ヴィダル＝ナケが指摘しているように、アテネという都市空間の構造の写しになっている。つまり、祭りに特別な価値が与えられた宗教暦と異なり、この政治暦ではすべての期間が均等に分けられているのだ。

暦はまた天文学や数学の領域でもある。天文学者は特定の天体の動きを観測し、数学的な組み合わせによって日を配分する。彼らが暦の体系を作り、それを政治や宗教の権力者が人々に強制する。

古代、天文学は占星術と表裏一体をなしていた。天体の運行とその影響、観測と解釈とは別個のものではなかった。占星術の予言は困難で精密な天体観測を前提としていたから、天文学者でなければ行うことができなかったのである。

アレクサンドロスの革命

時の計測の精度を上げるには、観測を積み重ねること、したがって何度も何度も暦を使うことが必要だ。メソポタミアで何世紀にもわたって観測が積み重ねられたおかげで、ヒッパルコスやプトレマイオスなどを代表とするギリシアの天文学は、1太陽年や1朔望月の長さを正確に測定することができた。

前3世紀、アレクサンドロス大王の東方遠征は、地中海世界に一種の文化革命を引き起こした。ペルシア、メソポタミア、エジプトの文明に触れたギリシア人は、これらの文明か

バビロニアでも、エジプトでも、マヤでも、神官の仕事と天文学者の仕事は、判然とは区別されていなかった。神官は祭祀と天の一致をはかり、宗教の時期と天の時季を調和させる任務を負っていた。

第1章 暦の誕生

ら時の区分法を取り入れ、1日を昼夜それぞれ12時間に分け、週の単位を採用した。のちには、カエサルがエジプトを訪れ、アレクサンドリアの学者と接触したことが、ローマ暦を太陽暦に変えるきっかけとなった。今日われわれが用いている暦は、こうした一連の改革の産物である。もとの形はローマ暦だが、それをさらに遡ればメソポタミア（1日24時間、曜日の名前）、アレクサンドリア（太陽暦）、エルサレム（週の単位、主日）にたどりつく。

↑渾天儀で仕事をする天文学者たち（16世紀。トルコの細密画）——8世紀、アラビアの天文学者は、1太陽年の長さがギリシアの天文学者によって正確に測定されていたことを再発見した。ヒッパルコス（前2世紀）の測定値の誤差はわずか5分だった。

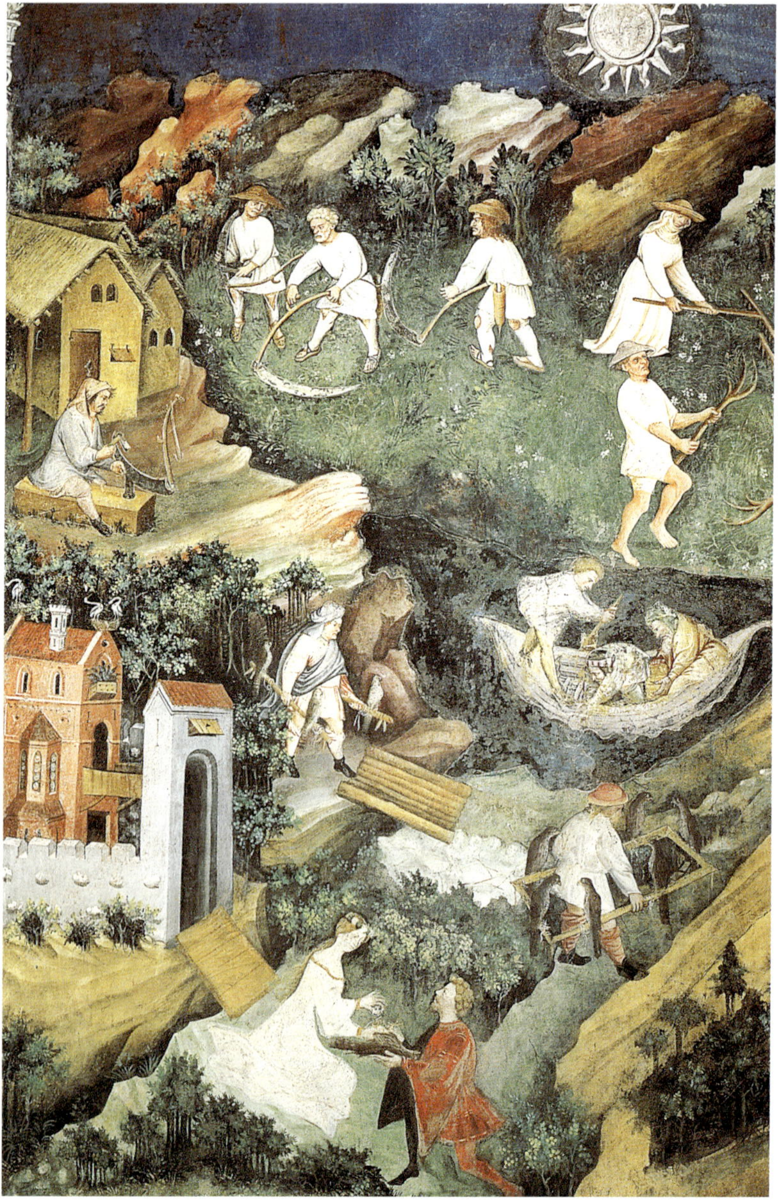

❖「次にカエサルは、共和国の組織化に目を転じ、暦法を改革した。従来の暦は神官団の意のままに操られてひどく乱れ、夏に行われるべき小麦の収穫祭も、秋に行われるべきブドウの収穫祭も、しかるべき時期に行われなくなっていた」とスエトニウスは書いている。カエサルの指示で科学的根拠にもとづいて改暦され、のちに教会の手に渡ったローマの暦法（ユリウス暦）は、今日われわれが用いている暦法とほとんど変わらない。　…………

第 2 章

ユリウス暦から教会暦へ

⇦草刈り（15世紀）
⇨クリスマスの食事（12世紀）——中世の暦では、農民の労働と生活が前面に現れた。7月には草を刈り、12月には暖炉のそばでご馳走を食べる。耕作と冬の休息、辛苦の時と夢の時。月日はそのように巡っていた。

改革前の太陰太陽暦

今日われわれが用いている暦のしくみを知るには、共和政時代のローマの暦まで遡らなければならない。前153年以来、新年は執政官の選挙が行われるヤヌアリウス（1月）朔日に始まっていた。ちょうど日が長くなり始める頃でもあった。1年は355日で、12ヶ月に分けられていた。2年ごとに神官団が閏月を加え、太陰年を太陽年に合わせていた。1年の前半6ヶ月には、神々や宗教に関係のある名前がついていた。1月に当たるヤヌアリウス（januarius）は、始まりの神ヤヌス（Janus）の月だった。ヤヌスは二つの顔を持ち、一つの顔を過ぎた年に、もう一つの顔を新しい年に向けている。2月に当たるフェブルアリウス（februarius）は古い暦の年末であり、死者の月、浄めの期間だった（ラテン語のfebruareは「浄化する」という意味）。3月に当たるマルティウス（martius）は、いくさの神マルス（Mars）の月で、戦いの季節のはじまりを告げていた。4月に当たるアプリリス（aprilis）は、ギリシアのアプロディテと同一視されていたウェヌスの月。5月に当たるマイウス（maius）は生長の女神マイア（Maia）の月であり、先祖（maiores）の月でもあった。そして6月に当たるユニウス（junius）は、結婚や出産の女神ユノ（Juno）の月であり、若者（juvenes）の月でもあった。これに対して後半6ヶ月は、古い呼び名を引き継ぎ、古い暦の年始にあたる3月を起点とする番号で呼ばれていた。つまり、7月は5の月（quintilis）、8月は6の月（sextilis）、9月は7の月（september）、10月は8の月（october）、11月は9の月

↓ヤヌスの頭部——二つの顔をもつ天界の門番ヤヌスは、時間的にも空間的にも、すべての通り過ぎる者に対して力をもっている（ヤヌアJanuaは「門」を意味するラテン語）。ヤヌスは新しい年を開き、月々を運行させる。

「あらゆる場所からおまえに見えるすべてのもの、すなわち空や、海や、雲や、大地はすべてわたしの手で閉じられ、開かれる。広大な世界の番を任され、世界を軸の回りにまわすことができるのはこのわたしだけだ」（オウィディウス）

(november)、12月は10の月(december)である。

　各月は、基本的に月相に対応する3つの特別日を境に、3つの期間に分かれていた。特別日の名称はカレンダエ、ノナエ、イドゥスである。カレンダエは暦、つまり「カレンダー」の語源となった言葉で、月の初日、つまり朔日に相当する。ノナエは月の5日目か7日目で、上弦の月に相当していた。

　イドゥスは満月に相当していたと思われる。

　日には政治や仕事などの公的活動が許される吉日と、公的活動が禁じられる凶日があった。凶日の中で、公的な祭日(フェスタ)は宗教的なものに限られていた。

⇧ユリウス暦の12ヶ月と四季を描いたローマ時代のモザイク(3世紀)——この暦には聖と俗が入り交じっている。四季は農民の活動によってあらわされ(左列)、各月は多くの場合、祭りによってあらわされている(12月のサトゥルヌス祭、2月のルペルカリア祭など。ルペルカリア祭は豊饒祭)。

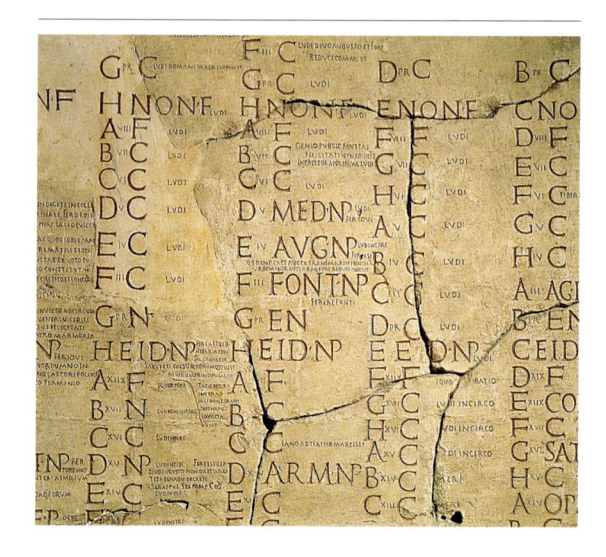

⇐ローマの暦──ローマの暦は市民の活動記録のような役目を果たしていた。暦は大神官によって定められ、各月について市の周期(AからHまでの繰り返し)、吉日(F)、凶日(N)、祭祀日(NP)、集会日(C)が記されていた。カエサルは、改暦にあたって儀式の順番は変えないよう配慮したが、自分の戦勝記念日を設けて暦の意図をはっきりと変えた。このとき皇帝礼拝が生まれたのだ。

カエサルの改革

　共和政末期の前46年、ローマの暦は乱れきっていた。神官たちが特権を濫用して閏月を不当に操作したため、暦日が季節と3ヶ月もずれていたのだ。当時、終身独裁官と大神官を兼ねていたカエサルは、政治と宗教の両権力を握っていることを利用して、暦法の改革を断行した。彼は長期的に安定した支配基盤を望み、過去の制度の機能不全を改善して、堅固な帝国を打ち建てようとしていた。改暦によって、ローマの支配下にあるすべての人民が、同じ方法で時を測れるようになる、と考えたのである。

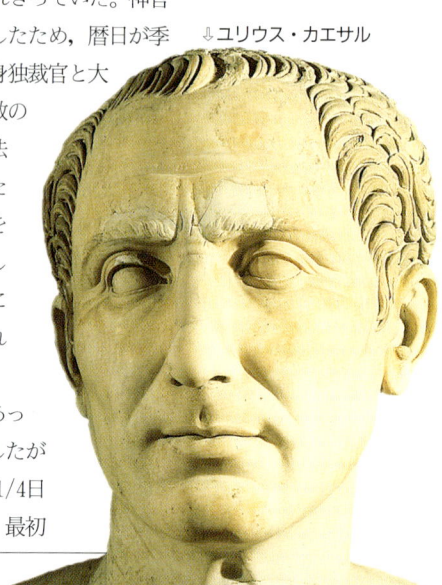

　カエサルは、当時、学界の最高権威であったアレクサンドリアの天文学者の意見にしたがい、太陽暦を採用した。1太陽年は365+1/4日とされていたので、4年周期が導入され、最初

⇓ユリウス・カエサル

の3年は365日, 4年目は366日と定められた。閏日は古い暦の年末に当たる2月に挿入されることになった。2月は28日か29日だったが, それ以外は30日と31日の月が交互に並べられた。吉日の数が増やされ, 公的活動が促進された。

こうしてローマは強力な道具を手に入れた。新しい暦は多少正確さを欠いてはいたが(1太陽年は365+1/4日よりわずかに短い), すっきりとして分かりやすく, 先々の活動を予定し, 組織するのに都合がよかった。神官団の権力は大幅に縮小され, 以前のように閏月を恣意的に挿入することはできなくなった。一方, 月はもはや月周期とは無関係になり, カレンダエ, ノナエ, イドゥスもただの指標にすぎなくなった。

この改革で, カエサルは堅固で長持ちのする暦法を築きあげた。じっさいユリウス暦は1582年まで効力を保ったのである。

↓初代ローマ皇帝アウグストゥス——前44年, 5の月クィンティリス(今の7月)は, カエサルを称えてユリウス(Julius)と名づけられた。前8年には翌月セクスティリスが, アウグストゥスを称えてアウグストゥス(Augustus)と改名された。

ユリウス暦のキリスト教化

4世紀以降, ユリウス暦はキリスト教会に取り込まれ, しだいにキリスト教化されていった。教会は, ユリウス暦という土台にキリスト教典礼のリズムをあたえ, 異教国家ローマの儀式をキリスト教の儀式に置き換えながら, キリスト教固有の記念行事を定着させていった。教会暦はクリスマスと復活祭を二大柱として, イエス・キリストの生涯(誕生, 死, 復活, 昇天)をたどっていく。この暦は4世紀から9世紀にかけて整備され, その後はほとんど変わることがなかった。

4世紀というのは、ローマ帝国内でキリスト教徒が非常に大きな勢力を持つようになった時代である。コンスタンティヌス帝がキリスト教に改宗すると、彼らは特権的な立場に立つようになり、ついに自分たちの時間的枠組みを帝国全体に受け入れさせるまでになった。

　キリスト教徒は、ユダヤ暦とは一線を画する独自の暦を持とうとした。7日周期の週制度も、週のうち1日を神のために捧げるという考えも、ユダヤ暦から受けついだが、その1日をいつにするかを巡って議論は沸騰し、ようやく安息日の翌日（日曜日）にすることで決着がついた。イエスが復活したのがその日だったからである。ローマ帝国は、週のリズムや主日の考え（一切の活動を休んで教会に集まり、神のためだけに1日を捧げるという考え）を少しずつ採り入れた。後321年、コンスタンティヌス帝は日曜日に都市で公的活動を行うことを禁止した。

クリスマスと復活祭

　復活祭の日取りも盛んな論議の的となった。福音書によると、イエスはユダヤ教の過越の祭りの日に死んだことになっている。この日はユダヤ暦のニサン月15日、つまり、春が始まって初めての満月の日である。キリスト教徒は復活祭を従来どおり春の初めには置くものの、ユダヤ暦に依存しない形で日を決めようとした。後325年に開かれたニカイア公会議（キリスト教会最初の公会議）で、すべてのキリスト教徒は同じ日に復活祭を祝うべきことが決議され、春分後初めての満月の直後の日曜日がその日に指定された。8世紀、ニカイアの暦算法（移動祭日を算出する方法）が最終的に認められ、春分の日は3月21日と定められた。

　公会議の決定は重大な結果をもたらした。というのは、復活祭が移動祭日であるために、キリスト教会暦は、基本的に

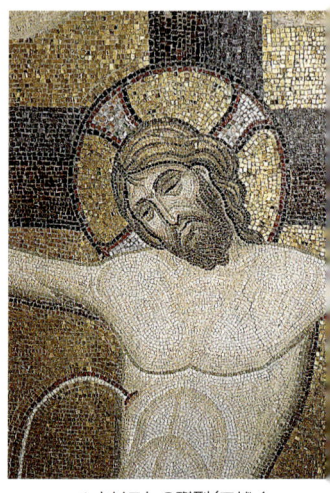

↑キリストの磔刑（モザイク。1100年頃）——教会暦でもっとも重要視される復活祭は、毎年、人類救済のために犠牲となったキリストの死と復活を再現する。復活祭の主日は3月22日から4月25日まで動きうるが、このことは謝肉祭から聖霊降臨祭にいたるすべての移動祭日を決定するこの祭りの重要性を示すとともに、祭りの日がつねに動くという神秘性もあらわしていた。今日ではその移動性が、決まり切った暦にちょっとした遊び心をあたえている。

⇐キリストの降誕(モザイク。12世紀)——ローマ教会がクリスマスを盛大に祝ったのは、冬至に行われていた異教の儀式に対抗するためだったが、他にもうひとつ、イエスの聖性を明らかにするという目的もあった。というのは当時、キリストを神の子ではなく単なる人間だとするアリウス主義が、信者たちを混乱させていたからである。東方教会では同じ理由から公現祭、つまり神が地上に現れた日を祝っていた。クリスマスは、公現祭までつづくお祭り騒ぎの中に急速に組み込まれていった。この年末年始の祭りは愚者祭り、罪なき聖嬰児の祭り、ロバ祭(ロバは愚者の象徴)などと呼ばれており、その期間中は、聖職者の序列が上下逆転し、身分の高い人々が揶揄され、下品な行為が公然と行われた。「コンスタンティノポリスの教会では、クリスマスや公現祭になると、民衆と聖職者が聖堂や祭壇で叫んだり、わめいたり、踊ったり、おどけたりするのが長年悩みの種だった」と、10世紀の総大主教テオフィラクトスは嘆いている。教会から固く禁じられていたこの「非常識なたのしみ」は、中世末期に姿を消した。

は太陽暦でありながら復活祭の日取りには太陰暦が関係するという、面倒なものになったのだ。復活祭の主日を決めるには、堅固な天文学の知識が必要である。このため暦算法は中世を通して最も重要な学問分野となった。

　クリスマスが12月25日と決められたのも、やはり4世紀である。福音書にはキリスト降誕の時期は書かれていないのに、なぜ12月25日なのだろうか。これは次のような二つの事情が重なった結果と考えられる。

まず、初期キリスト教会の教父たちが、キリスト教のおもな祭日を太陽年の節目に置こうとしたこと。その結果、復活祭が春分の頃に、クリスマスが日の伸び始める冬至の頃に設けられた。一方、冬至の頃は年の境目にも当たり、異教徒に人気の高い年末の祭りが行われる時期でもあった。つまり、謝肉祭の起源となった古代ローマのサトゥルヌス祭が12月24日に終わり、25日は「不屈の太陽の誕生」を祝う儀式が行われる日だったのだ。この儀式は光の神ミトラを称えるもので、ローマ兵を通じて小アジアから伝わり、274年、太陽宗教を国教化したアウレリアヌス帝によって国の祭儀に定められていた。クリスマスはこのミトラの儀式に重ねられた。聖アウグスティヌス（354〜430年）はその説教の中でキリスト降誕にふれ、キリストを正義の太陽と呼んでいる。こうして司教や皇帝の圧力のもと、冬至を祝う異教徒の祭りはしだいにクリスマスに取って代わられていった。

キリスト教典礼暦

キリスト教の典礼の時は循環的である。典礼暦の1年は11月末の待降節（アドヴェント）から始まる。待降節はクリスマスに先立つ悔い改めの期間である。クリスマスから公現祭（エピファニー）までの12日間は、謝肉祭にさきがけで祝日が続く。謝肉祭そのものは、マリア聖燭節（2

⇧月々の仕事（9世紀）

↘「月々の門」の彫刻（12世紀）——818年に作られたザルツブルクの暦（上）では、1年の各月が、その月に行われる農民の仕事で表されている。この写本でも、柱の暦（左）でも、労働は称えられている。苦役の場面はなく、富の生産（小麦、ブドウ、牧畜）が肯定的に描かれている。娯楽も忘れられていない（火のそばの憩い、おいしい食事）。似たような暦は教会にもある。宗教美術の中にこうした世俗的な表現が見られることをどう考えればよいのだろうか。教育的な見地から、各月に具体的な内容をあたえ、それによって1年を12ヶ月に分ける暦を理解させようとしたのだろうか。それとも宗教的な見地から、人間の原罪が労働によってあがなわれることを教えようとしたのだろうか。暦には、遠い異教時代の名残が残っていることもある。たとえばイタリアにある月々の門には、12月が古代のサトゥルヌス祭によって表されている（右頁）。

⇦柱に刻まれた暦（12世紀）

月2日）に始まることが多い。これは自由放埒の期間，日頃のうっぷんを晴らす掟破りの期間で，どんなに羽目を外してもかまわない。謝肉祭が終わると四旬節といって，灰の水曜日から復活祭まで，日曜日を除いて40日間の斎戒期に入る。そしてこの時期，農作業が再開する。復活祭後の2ヶ月は，祈願祭，昇天祭，聖霊降臨祭，と重要な祭りが続くが，これらはすべて一日限りの祭りで，自然の再生を祝う「五月の木」，夏の到来を喜ぶ「聖ヨハネの火祭り」といった農村行事と張り合うように置かれている。

典礼暦は農村暦とみごとに補い合っている。つまり，農事は5月から10月までに集中し，典礼暦の重要な祭りはすべて，11月から復活祭までの農閑期に置かれている。二つがうまく組合わさって，農村社会によく合った暦になっているのである。

教会は週単位の時のシステムも支配した。日曜日は他の週日とはっきり異なる特別な日だった。日曜日によって，教会は社会への影響力を固めた。「日曜日は主の日であり，司祭の行うミサに全員が出席を義務づけられていたから，教会は思いのままに経済活動や社会活動の時を操ることができた」と歴史家ジャック・ルゴフは述べている。

キリスト教会は暦を通して，時に対する一つの考え方を社会全体に押しつけた。このことはキリスト教の規律にはっきりと現れている。典礼暦に含まれる悔悛，断食，禁欲の時期がそれだ。禁欲の時期を例にとると，キリスト教徒は待降節と四旬節，すべての日曜日，祭日の前日と当日，そして各季節の初

「時の流れの先々には宗教行事が浮標のように並んでいるが，各行事の意味はそれが行われる季節と密接なつながりをもつようになっている。たとえば鎮魂の祭りである万聖節は，秋，そして大地が長い眠りに入る初冬と密接に結びついている。救済の約束であるクリスマスは，昼が夜を凌ぎはじめる時期と切り離すことができない。また，救い主のよみがえりを意味する復活祭は，春，そしてあらゆる自然の再生と結びついている」（フランソワ・ルブラン）

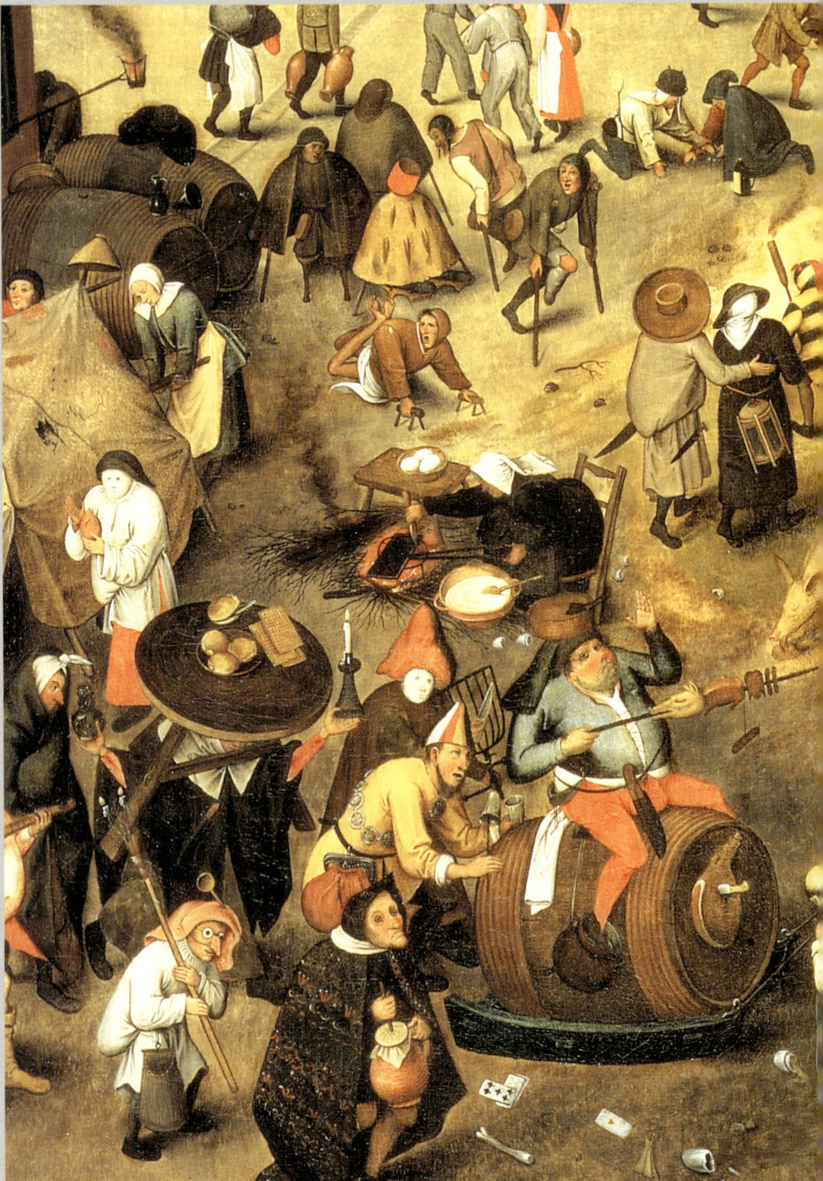

⇐『謝肉祭と四旬節の戦い』(ピーテル・ブリューゲル父。1559年)——絵の前景では脂ぎった謝肉祭と痩せこけた四旬節が争っているように見える。それによって冬の終わりを告げ、飽食と節食、放蕩と禁欲を分かつ暦の節目を強調しているのである。だが謝肉祭と四旬節は本気で戦っているのではない。謝肉祭は手で別れを告げているし、四旬節の方は死期(これはひたいの灰十字から判断してそう遠くないと思われる)を待っている。それぞれについた隊列も互いに相手を避けている。戦いは起こらないだろう。謝肉祭も四旬節もともに教会暦の一部なのだから。謝肉祭は四旬節の登場のためになくてはならない前座なのだ。40日の斎戒期を前に、村人も町人も古い異教時代の冬祭りを再現するが(主客転倒や仮装)、祭りの意味はかつてとは異なり、「異教的な暮らしを葬り去る」ためである。「謝肉祭は手綱を解かれた喜び、生きて踊る喜び、異教徒の大罪であり、カトリック教会の四旬節から汚物のように追放される」(エマニュエル・ル・ロワ・ラデュリ)。そして四旬節が厳しさを失ったとき、謝肉祭もまた衰退したのである。

⇐天文学者と暦算家と書記(13世紀)日時計をもつ天使――左はルイ8世の王妃ブランシュ・ド・カスティーユが持っていた詩篇集の挿絵である。中央は天文学者で、アストロラーベ(天観測具)を掲げている。右は暦算家で、仕事の成果を得意気に見せている。左は書記で、何かを書き取っている。中世、時を知ることに関わっていたのは一握りの聖職者だけだった。彼らだけが暦を数量的に理解し、計算の対象としてはどの日も等価であることを知っていた。天文学者は非常に尊敬されていた。天を読み解き、時を測り、それを使いこなすことのできる彼らは神に近い存在だと思われていた。王も教皇も専属の天文学者を抱えていた。13世紀、古代の書物がギリシア語やアラビア語から翻訳され、数学や天文学の知識が刷新されると、天文学は一段と進歩し、その威光はますます大きくなった。教会だけが時を測った。時を告げるのも教会だったが、ここでも正確を期すために細心の注意が払われた。1538年(と思われる)には、シャルトル大聖堂の天使に日時計が付け加えられた(右写真)。

めの「四季の斎日」と呼ばれる三日間は、性交渉をもってはならないことになっていた。

　経済活動も教会暦に規制された。祭日に仕事をすることは禁じられていた。大規模な市は祭りの期間に開かなければならず、シャンパーニュ大市を例にとると、ラニーの市は1月中の12日間、プロヴァンの市は聖十字架祭の行われる5月3日と決められていた。債務の支払いは秋で、多くは聖ミカエルの日(9月29日)、さもなければ聖レミギウスの日(10月1日)か聖マルティヌスの日(11月11日)と決められていた。

フランスでは今日でも,小作料は聖ミカエルの日に支払われることが多い。

時の計測も教会に牛耳られていた。聖職者だけが,復活祭の日とそれによって決まるすべての移動祭日(肉の火曜日から聖霊降臨祭まで)を計算することができた。つまり彼らだけが暦を作ることができたのだ。各小教区では毎年,公現祭の日(1月6日)に司祭みずから復活祭の日を告げるのが習わしとなっていた。そうすることによって,暦に対する教会の力を民衆にまざまざと見せつけたのである。

聖人と天使

教会暦には,典礼のサイクルとは別に,聖人のサイクルも組み込まれていた。原始キリスト教時代から,使徒や殉教者は特別な崇拝の対象となっていた。聖人とは,これらの人々を含め,一般に死後,教会から公的崇拝の対象と認められた人々をいう。聖人と聖母マリアは神と人の仲介者とみなされていたから,彼らがクリスマスや復活祭と並んで教会暦に取り込まれたのは偶然ではない。教会は,古くから異教の祭りが行われていた太陽年の節目に大聖人の祭日を配置し,異教のしきたりを巧みに利用しながら,それをキリスト教の精神体系に組み込もうとした。そのやり方について,民族学者クロード・ゲニュベは「除去すべき(異教の)神も,それに代わるべき聖人も,熟慮の末に選ばれた」と言っている。

洗礼者聖ヨハネ祭は,夏至に近い6月24日に行われる。この日はイエスの降誕祭とちょうど対称をなしている。その根拠はおそらく次の言葉だろう。「あの方は栄え,わたしは衰えねばならない」(『ヨハネによる福音書』3章30節)。また,聖アウグスティヌスは次のように説明している。「なぜならヨハネがお生まれになった日から日が短くなり,キリストがお生まれになった日から再び日が長くなるからだ」。

大天使も，重要な日に配置された。大天使ガブリエルの日は3月25日，ミカエルの日は9月29日で，ともに分点(春分・秋分)近くに置かれ，それぞれ冬至と夏至に生まれるイエスと洗礼者ヨハネが母胎に宿るのを見守るかのようになっている。

　クリスマスから公現祭までの祭り期間には，重要な聖人の日が集中している(たとえば12月26日は最初の殉教者，聖ステファヌスの日。27日は『ヨハネによる福音書』の著者とされる，聖ヨハネの日。28日はヘロデ王によって皆殺しにされた罪なき聖嬰児の日)。これはおそらく年末のお祭り気分にキリスト教的な意味を与えようとしたのだろう。

　2月は，熊や狼などの野生動物が森から出てくるといわれる季節だが，それにふさわしく2月3日は聖ブラシウスの日になっている。言い伝えによれば，聖ブラシウスは猛獣と話ができたというのだ。

　5月の初めには古くから火を焚く風習があったが，教会は，真の十字架(キリストの磔刑で使われた実物)発見の記念日を5月3日に制定した。469年に始まった祈願祭も，5月の農村行事をキリスト教化したもので，昇天祭直前の3日間，司祭と村人たちが豊作を祈って畦道(あぜみち)を練り歩く。

↑大天使聖ミカエル(15世紀)——聖ミカエルはサタンを負かした戦闘的な天使，魂の重さを測る善き死の天使である。聖ミカエルの日は，フランク王カール大帝(在位768〜814)によって9月29日と定められたが，この日は宗教的に重要(聖ミカエルは死者の使い)であるばかりではなく，経済的にも(領主への地代支払日だった)，天文学的にも(秋分に近い)重要な暦日だった。

キリスト教による文化変容の例としてもうひとつ重要なのは，暦に入りきれなかったすべての聖人のための万聖節である。これは東方教会では早くに始められ，西方教会へは4世紀に伝わったが，当初は春に行われていた。これをローマ教皇グレゴリウス3世（在位731～741年）が11月1日に移したのだが，それはこの日が民衆に人気のあるケルト起源のサムイン祭りという死者の日に当たっていたからだ。200年後，万聖節はキリスト教で最も大きな祭日の一つとなった。10世紀には，クリュニー修道会のオディロ大修道院長が11月2日を万霊節（死者の日）と定め，サムイン祭はすっかりキリスト教に呑み込まれてしまった。

　こうして教会は，祭日の的確な配置により，1年の重要な時期をすべてキリスト教化することに成功した。13世紀，聖体の大祝日が創始され，マリア信仰の高まりにともなう祝日が設けられるにいたって，祭日の数は頂点に達した。

　カエサルはローマの暦を政治的な道具にした。暦を使って最高権力者たる自分への賛美の念を高めようとした。キリスト教会はこれを横取りし，手直しし，キリスト教のシンボルで埋め尽くされた教会暦をつくり上げた。その結果，科学的な時の計測は，夥しい典礼や祭りの影に隠れて見えなくなってしまったのである。

↑洗礼者聖ヨハネ（15世紀）──6月24日の聖ヨハネ祭は，古くから行われていた夏至の祭りにキリスト教のヴェールをかけたものである。冬至の日と同じく，宇宙の力に触れるのに最も適したこの日には，大きな火を焚く，夜中に草を刈るなど，さまざまな行事が行われていた。

↓麦の祝福（北フランス，19世紀）

		Decemb.
f		
g	iiii	n
A	iii	n
b	ii	n	Barbare v̄.
c		non.
d	viii	i	Nicolai epi.
e	vii	id
f	vi	v
g	v	s.
A	iiii		Abundii mr̄.
b	iii	id
c	ii	vi.
d		idus	Lucie v̄. ⁊ mr̄.
e	xvii	k	ianuarii.
f	xvi	
g	xv		Ananie. azar. ⁊ ıl.
A	xiiii	k
b	xv	k
c	xiiii	
d	xiii	k	vigilia
e	xii	k	Thome apli.
f	xi	k
g	x	
A	viii	k	vigilia
b	viii	k	nātiū dn̄i.
c	vii	k	Stephani pm̄.
d	vi	k	Iohannis ev̄.
e	v	k	Innocentum.
f	iiii	
g	iii	
A		k	Silvestri pp̄ ⁊ mr̄.

⇐ 祈禱書の暦——13世紀，暦は，従来のように「月々の門」のような教会のポーチの彫刻ではなく，裕福な世俗の信徒のための時禱書の中に見出されるようになった（時禱書とは，定時課にとなえる祈りの文句が書かれた書物のこと）。時禱書に記された暦の最も大切な役目は，聖なる時の割り振りを教えることであるから，時の計測ではなく価値に重きが置かれていた。つまり日は番号ではなく，その日に行われる典礼や，祭られる聖人によって識別されたのである。また，その日が何曜日かを知りたければ，その年の主文字を知らなければならなかった（1年の各日には，1月1日のAから始まって，AからGまでの文字が循環的に割り振られていた。主文字とは，その年最初の日曜日に割り振られた文字をいう。たとえば主文字がBならその年の日曜日はすべてBなので，すべての日の曜日がそこから割り出せる）。図版左は聖エリザベトの詩篇集(13世紀)に描かれた12月の暦で，この月のシンボルである豚の屠り，聖ニコラウス，イエスの降誕が表されている。右はアンヌ・ド・ブルターニュの時禱書(15世紀)に描かれた11月前半の暦で，豚の屠りに先だって行われる肥育のもようを表している。

			Septembre a. xxx. iours.	la quâtite	le nôbre
			Et la lune xxx.	des iours	oor.
				yre minut.	nouuel.
xbi.	f		sancteu. saincte Gille.	xy.	xlij.	
v.	g	iiij	N	saint antoyne.	xiij.	xlix.	y
	A	iij	N	saint gorgzam.	xiij.	xlvj.	ij
xiij.	b	ij	N	saint mauri.	xiij.	xliij.	
ij.	c	Nonas	saint victorin.	xiij.	xl.	xbiij
	d	viij	id	saint donacen.	iij	xxxvij	
x.	e	vij	id	saint douft.	iij	xxxiiij	vij
	f	vi.	id	Nostredame.	iij	xxxvij	xb.
xbiij	g	v.	id	saint omer.	iij	xxiiij	iiij
vij	A	iiij	id	saint gobrir.	iij	xx.	
	b	iij	id	saint prothin.	iij	xvij.	xij
xb.	c	ij	id	saint laur.	iij	xy	
iiij.	d	Ious.	saint regnalt.	iij	viij	i.
	e	xbiij	kl	saint lowys.	iij	iij	ix
xij	f	xbij	kl	saint nichomede.	iij	o	
i.	g	xbi.	kl	saint eufemme.	ij.	lvj	xbij
	A	xv.	kl	saint lambert.	ij.	liij	vi.
ix.	b	xiiij	kl	saint fenol	ij.	l.	
	c	xiij	kl	saint ligne.	ij.	xlvj	xiiij
xbij	d	xij	kl	vigille.	ij.	xliij	
vj.	e	xi.	kl	sainct mathieu.	ij.	xxxix	iij.
	f	x.	kl	saint morice.	ij	xxxvj	ij.
iiij	g	ix.	kl	saincte egle	ij.	xxxiij	
iij.	A	viij	kl	saint luc.	ij.	xxix	xix
	b	vij	kl	saint firmin.	ij.	xxvi.	viij
ij.	c	vi.	kl	saint aprien.	ij.	xxij.	xbi
xix	d	v.	kl	saint cosme.	ij.	xix	
	e	iiij	kl	saint presine.	ij.	xv.	v.
viij	f	iij	kl	saint michiel.	ij	xij	
	g	ij.	kl	Saint geroime.	ij.	ix.	xiij.

⇐ベリー公のいとも豪華なる時祷書（9月の暦。15世紀）——この時祷書は、中世末期の暦の優雅な実例になっている。本来のカレンダー（図版左）には、聖なる時の中でそれぞれの日に割り振られた属性が記されている。左からメトンの黄金数、曜日に関係するaからgまでの文字、古代ローマ式の日の分類（カレンダエ、ノナエ、イドゥスなど）、聖人名、そして日の長さの順にならんでいる。図版右は、画面上部の天穹の外側に日の番号が書かれ、時の計測の萌芽が見ている。この絵には、厳密に序列化された宇宙という当時の考え方があらわれている。一番下は農耕によって富を作り出す農民の世界、その上はきらびやかで、閉鎖的で、近寄りがたい王侯の世界。そして一番上は天穹で、古いシンボル（アポロンの戦車）と、9月の太陽が通過する獣帯の星座（乙女座と天秤座）のしるしが描かれている。

直線的な時の概念へ：キリスト紀元の誕生

だがより根本的な変化は，キリスト紀元の出現とともに起こった。キリストの生誕を出発点とする年の数え方が，時の見方を変えたのだ。

ある年を起点として年を数える紀年法は古くから知られてはいた。ただそれはさまざまな形をとっていた。よく知られている例だけでも，たとえばローマではローマ建国の年（前753年）を起点とし，小アジアではセレウコス朝元年（前312年）を起点としていた。西ローマ帝国では，皇帝の在位年数で年を数えることもあり，それが天地創造から何年目にあたるかを明らかにしようとしたこともあった。専門の年代学者たちがそれぞれ天地創造の年を計算したが，結果はまちまちで，しかもくい違いが大きかった。それよりも，年数計算には15年周期の会計年度の方が役立った。これはもともと徴税のための制度だったが，循環的な年代計算法として，行政分野では12世紀までよく使われていた。要するに，西洋では複数の年代計算法が共存し，その多くは循環的で，教会とは無縁だったということができる。

キリスト紀元は，できるだけ正確に復活祭の日を決めたいという，暦算家の願いから生まれてきた。初期の暦算表はアレクサンドリアで作られ，ディオクレティアヌス帝の即位年（後284年）を起点としていた。というのは，暦算家の考えでは，天地創造の年は新月とともに始まった

◪ 尊者ベーダの暦算書——小ディオニシウスのキリスト紀年法はしだいに広まり，しまいには強制されたが，これに大きな影響を及ぼしたのが，尊者ベーダの名で知られるイギリス人修道士である。中世最高の時の権威であったベーダは，725年，やがて全キリスト教界に知られることになる『年代論』を発表し，その中でディオニシウスの主張を支持した。さらに『イギリス教会史』という著作の中で，年代をキリスト紀年法にもとづいて表記し，ディオニシウスの仕事に対する関心を大いに高めた。『年代論』の暦算表には，532年周期にもとづき，1063年までの復活祭の日が記されていた（532＝19×28。19は太陰暦のメトン周期，28＝4×7は，ユリウス暦で毎年の元日の曜日を順に並べていったとき，その並び方が一巡するまでにかかる年数）。また，この表についていた暦算家のための手引き（左）は，中世を通じて参照された。

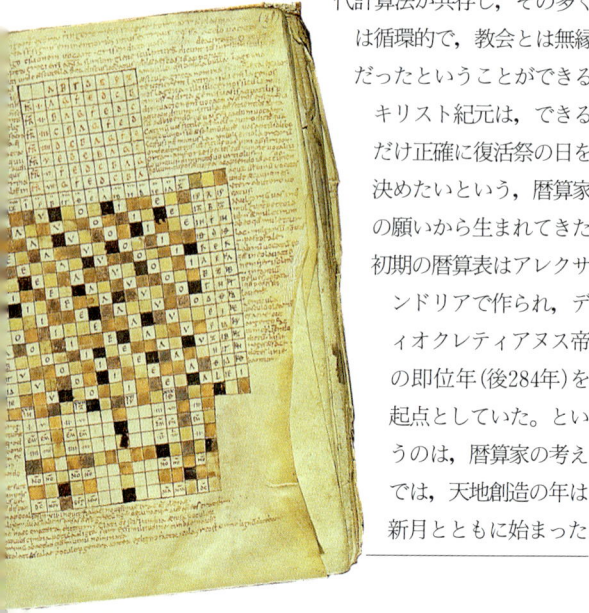

第 2 章　ユリウス暦から教会暦へ

⇦太陽のまわりに配置された黄道12宮と四季——中世、黄道12宮はすっかりキリスト教世界観の一部と化していたので、その図像は教会堂のポーチや支柱、時禱書、あるいは左のような暦算書など、さまざまな所に見いだすことができる。1太陽年を初めてこのように表したのはメソポタミアだった。バビロニアの天文学者は、黄道（天球上で太陽がたどる道筋）の付近に12の星座を識別していた。彼らの観測によれば、日の出のころ、太陽のそばにある星座は1年で12を数えたので、黄道を含む帯は12に分けられ、それぞれにこれらの星座の名前が与えられた。この天と時の分割を、のちにギリシア人が採用し、「獣帯」と名づけたのである。

はずであり、ディオクレティアヌス帝即位の年はちょうどそういう年だったからだ。キリスト紀元の考えは、この暦算表の見直しから始まった。6世紀、ローマ教皇ヨハネス1世が、スキティア出身の修道士、小ディオニシウスに、アレクサンドリア総主教キリルの暦算表を「現代化」するよう命じたのだ。ローマ教会独自の暦算法を確立し、アレクサンドリアに頼らなくてすむようにするためだった。ディオニシウスは、キリスト教徒を迫害したディオクレティアヌス帝の即位年から数え始めるのをやめ、代わりに「われわれの希望をもっと知らしめ、人間の贖罪をいっそう光り輝かせるために」キリストの受肉の年から数え始めることにした。

小ディオニシウスはイエスの誕生日を、ローマ建国紀元753年12月25日に置き、年代計算の出発点となるその翌年をA.D.1年、つまり主年1年と記した（A.D.は「主の年」を意味するラテン語anno dominiの省略形）。

　今日、われわれはディオニシウスの決めた日付を、二重の意味で誤りだったと考えている。まず『マタイによる福音書』には、イエスはヘロデ王の治世に生まれたと書かれているのに、ヘロデはB.C.4年に死んでいるのだ。とするとディオニシウスの日付は少なくとも4年はまちがっていたことになる。

　その上、ディオニシウスはいきなり1年から数えはじめた。なぜなら当時、西洋はゼロを知らなかったからだ。そこで数学的観点から言えば、すべての世紀は下二桁が00の年ではなく、01の年から始まることになった。この問題は18世紀初頭から今日まで何度も蒸し返されてきた。10進法で端数のでない00年から世紀を始めるべきか、それともどの世紀もきっかり100年になるように01年から始めるべきか。また、3千年紀突入の年はいつか。2000年か、それとも2001年か、等々。

　主年（A.D.）による年代表示は、日付入りの文書が増えてきた10世紀、書記局でよく用いられた。この紀年法は、15年期の天地創造紀年法のような、他の方法と並行して使われていた。だが、A.D.1300年、ローマ教皇ボニファティウス8世が全贖宥を行う「聖年」を宣言し、人々が大挙してローマに押し寄せたところを見ると、ディオニシウスの紀年法はこの頃までにかなり浸透していたのだろう。この方法は、はじめはキリスト生誕後の出来

☞ 天地創造（礼拝堂の寄木細工。15世紀）──神学者、天文学者、数学者たちは、聖書に書かれた数の情報をもとに、時の限界を知ろうと、何世紀にもわたる努力を積み重ねていた。18世紀まで広く信じられていたのは、世界は6000年続くという説である。神は6日で世界を創ったといわれ、詩篇とペテロの手紙2によれば、神の1日は1000年に当たるという。「1000年の月日も御目には、過ぎてしまった1日と同じ」（詩篇90章）、「主の前では、1日は1000年のごとく、1000年は1日のごとし」（ペテロの手紙2，3章）こうして世界の歴史は6000年と結論づけられた。その上で肝心な問題がひとつあった。天地創造の年はいつかという問題である。七十人訳ギリシア語旧約聖書によるとイエス・キリスト生誕の5500年前ということだったが、ベーダの計算では3952年前だった。1650年には、英国教会のジェームズ・アッシャー大主教が、宇宙のはじまりを紀元前4004年10月23日と計算し、かのニュートンから御墨付きをもらっていた。

事を記すために用いられていたが、17世紀以降は唯一の年代計算法となった。つまり、キリスト生誕前の事件も、時を遡って逆向きに数えるようになったのだ。今日、このキリスト紀年（西暦）は世界の年代計算の標準となっている。

　教会はキリスト紀年を事実上認め、その方法を受け入れたが、これに関する規則は一切設けなかった。一番の関心事は復活祭の日の決定であり、世界でおこるすべての出来事についてその年代を決定しようとは思っていなかったからである。

　キリスト紀年法は古い時の概念を変えた。キリストの受肉は、歴史的な時間の中で起こった一回限りの、決定的な事件であり、その前と後とでは出来事の意味が変わってくる。時は直線的に流れ、その直線はイエスの生誕年を境に、それ以前とそれ以後に分かれている。キリスト教徒にとって歴史は

↑『最後の審判』（ジョット作。フレスコ画）

「太陽は暗くなり、月は光らなくなり、星々は天から落ち、天にいる者たちは動揺する。そのとき、人の子が大いなる力と栄光に満ちて、雲に乗ってやってくるのが見えるだろう。そのとき、人の子は天使をつかわし、地の果てから空の果てまで、選ばれた人々を四方から呼び集める」（マルコによる福音書13章）

動いてゆくものであり、方向を持っている。時間には天地創造という始めがあり、最後の審判という終わりがある。時はもはや本質的に循環するもの、繰り返すものには見えず、一定の方向に向かって、直線的に、不可逆的に進んでいくように見える。こうして、永遠に日々が巡る円環のイメージに、決して戻ってこない矢のイメージが加わった。

この直線的な時のイメージが浸透するにしたがって、人々は歴史的なものの見方に目を開かれ、過去と現在と未来を明確に区別できるようになった。自分たちが世代の連なりの中に位置づけられることを、はっきりと意識できるようになったのである。

時のモザイク

教会が暦に権威をあたえ、キリスト紀年法が広まっていたからといって、中世にキリスト教会暦が統一されていたと思ってはならない。現実はもっと多様だった。すべての聖人が全ヨーロッパで同じ日に祭られていたわけではなく、限られた地域や地方だけで崇められる聖人も多かった。一日の始まりも、夜明け、夕暮れ、正午と、所により異なっていた。年始の日も地域によって異なり、さまざまなタイプがあった。たとえば割礼型（1月1日。イエスが割礼を受けたとされる日。あまり普及していなかった）、降誕型（12月25日）、受胎告知型（3月25日。天地創造がなされたと推定された日でもあった）、復活祭型など。復活祭型は最も普及していたが、移動祭日なので最も難しく、新年は毎回異なる暦日に始まっていた。ビザンティン帝国では、新年は9月1日に始まり、ロシアでは3月21日の春分の日に始まっていた。年始は都市によっても異なり、13世紀、ヴェネツィアでは3月1日、ランスでは

↓ 7月と8月の暦（11世紀）——「キリストの生涯が歴史を二つに分け、キリスト教がその上に成立していることから、歴史上の出来事について、それらが起こった時を特定しようとするある種の年代学好みが生まれてきた。だがこの年代学は、正確に等分割できる時間軸に沿って出来事を発生順に並べるという、今日客観的とか科学的とか呼ばれるような年代学ではなかった。それは意味を付与する年代学だった。中世の人々は、確かにわれわれと同じくらい年代決定にこだわったが、われわれとは異なる規範と必要にしたがってそれを行った。（略）キリストに関係あるものは、すべてそれがいつ起こったかを計算しなければならなかった」（ジャック・ルゴフ）

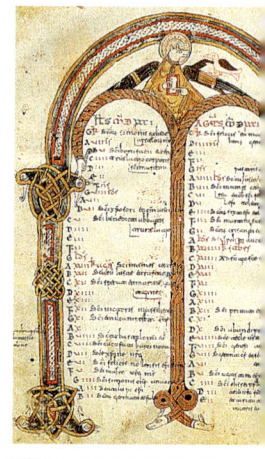

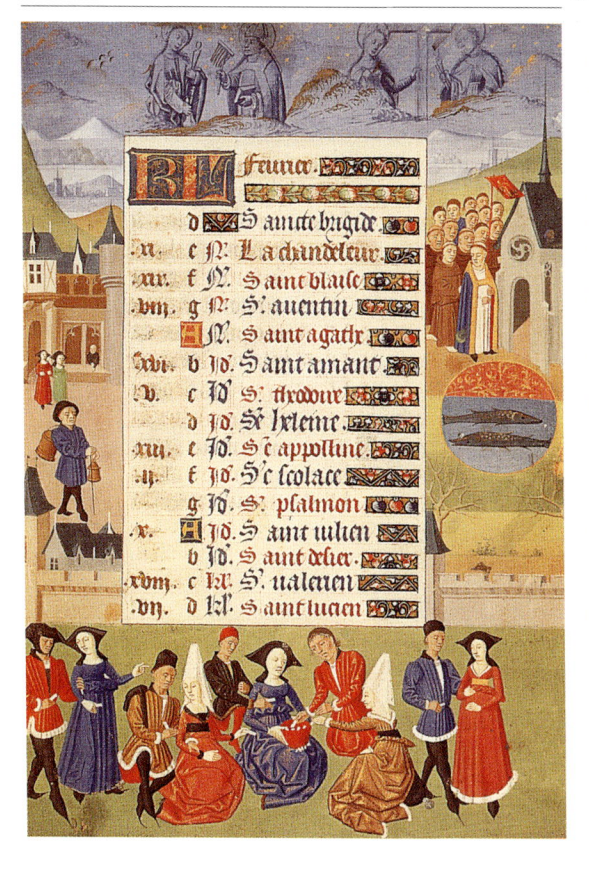

⇐ 2月の暦（前頁上は5行目の拡大）——時禱書は時の計測には役立たなかったが、自分が今1年のどのあたりにいるかを知るための助けにはなったし、これを使いながら月単位の区分法に慣れることにもなった。というのは、日と季節は太陽の動きと結びつき、週は典礼と結びついているが、月は結びつく相手をもたず、暦の分割単位としては完全に抽象的だったからである。このため月々を区別するには、それらに具体的な内容をあたえ、具体的な活動でそれらを特徴づけなければならなかった。1460年頃に描かれたブルゴーニュ公妃の時禱書では、遊びと祭りで各月を特徴づけている。2月の前半部（左）に描かれている遊びは恋文遊び、祭りはマリア聖燭節（2月2日）のロウソク行列である。折々の季節感は、ことわざを借りて表現されることが多かった。たとえば「2月は一番短くて一番悪い」「2月の雪はメンドリが足で運んでいく」「ブラシウスさまの日が過ぎると冬はおとなしくなる」など（**資料篇1**参照）。

3月25日、ソワッソンでは12月25日だった。支配者や教皇によっても変化した。それぞれが自分の流儀を押しつけたからである。フランスでは、元日はたえず変わっていた。1564年、シャルル9世は1月1日をフランス王国全体の元日と定めたが、独自の暦に固執する地方から頑強な抵抗にあった。法律の公布から3年後の1567年、パリ議会はついに勅令を発布した。それまで普通に受け入れられてきた多様な年始の混在は、行政の合理化をめざす建設中の国家にとって目ざわりになってきたのである。

hoc horolin medien a in fecula neglectum a indice xxxvii dirutum qa labilitie incuria denuo est extructum

❖中世，暦は何よりもまず時に節目をつけるために役立っていた。16世紀末，それは過去と未来に照らして自分の位置を知るための手段となった。と同時に，民間暦が宗教暦から独立しはじめ，ふたつの間の権力闘争が激化した。……………………………………

第 3 章

計　　測　　の　　道　　具

⇐天文時計（14世紀末。スウェーデン）
⇒フランス共和暦2年のカレンダー
──13世紀末，時の計測を正確に行う必要から機械仕掛けの大時計が生まれ，これを機に真に革命的な大変化がはじまった。「大時計は単に時の推移をたどるための道具ではなく，人々を一斉に動かすための手段でもあった。近代産業を興すための命ともいうべき機械は，蒸気機関ではなく大時計だったのだ」（ルイス・マンフォード）。天文時計は天の動きを写す時計で，日食，月食，年，月，日など，さまざまな時の側面が表示されていた。

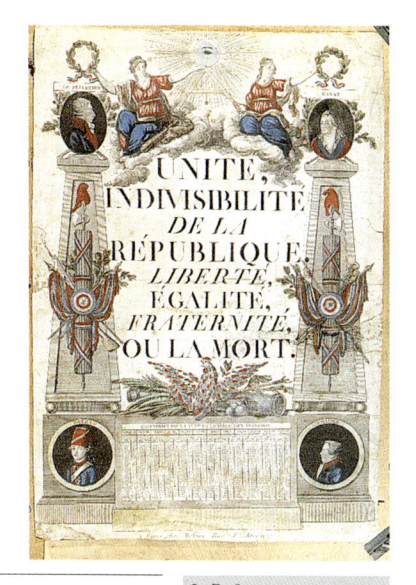

⇦ガラタ天文台の天文学者たち(16世紀)──イスタンブール(元コンスタンティノポリス)の天文学者たちが、豪華な器具を駆使して天文研究にいそしんでいる。中央に見える円を四等分した形の器具は四分儀で、角度を測り、時刻を計算するのに用いられる。後列の学者がつり下げているのは、アストロラーベと呼ばれる天文学者必携の計算器で、夜、時間を知るためにも用いられる。これらの器具は、伝統的な道具に改良を重ねてできあがった。イスラムの天文学者たちは、ギリシア天文学の知識を大切に保存した。8世紀以降、アラビアやペルシアの学者たちは、バグダッドのアッバース朝カリフから命じられて、古代ギリシアの文献やインドの書物を翻訳し、そこから天文のデータを集め、さらにそれに磨きをかけた。天文地図を作製し、天文表を書き、細かく時期を区切ってその時々の惑星の位置を計算した。この細密画が描かれた頃には、オスマン・トルコがその学問的伝統の恩恵を受けていた。

正確な時の計測をもとめて

　12世紀、アラビアの数学がイベリア半島経由で西欧に伝わってきた。そこには、インドで芽生え、アラビアで改良された数体系が示されていた。九つの数字とゼロの使用、位取り記数法、小数……。これらを使うとローマ数字よりはるかに速く複雑な計算ができる。天文学者たちは喜んだ。アル゠バッターニーやウマル゠ハイヤームが、1太陽年の長さをほぼ正確に算定していたこともわかった。1126年、数学者アル゠

フワーリズミーの手になる天文表がラテン語に翻訳された。2年後，カスティーヤ王アルフォンソ10世のもとで，きわめて信頼度の高い天文表が完成し，16世紀末まで全ヨーロッパの天文学者に利用された。

　皮肉なことだが，14〜15世紀に占星術が大流行したことも，やはり時の計測の発展をうながした。占星術流行の背景には，おそらく社会全体を覆う不安感，教会の危機，ペストの流行，戦争などがあっただろう。そこから，未来を先取りしたい，何が起こるかを前もって知りたいという気持ちが生まれてきたに違いない。学者たちはみなこうした気持ちに駆りたてられ，太陽や，月や，惑星の動きを熱心に研究した。「もし天を見ることで未来が読めるという確信がなかったら，天文学の研究などしていられなかっただろう」と，16世紀末，天文学者ヨハネス・ケプラーは述懐している。彼自身も，その師であるティコ・ブラーエも占星術師であり，そのことにある種の誇りを感じていた

↓アストロラーベ（1640年頃）——アストロラーベは古くから知られた天文器具で，任意の時刻における天体の位置を計算することができた。このため，人間の誕生時における天体の位置を知ることが重要視されていた占星術的な天文学にとって，欠かすことのできない道具だった。アストロラーベはビザンチウム（のちのコンスタンティノポリス）やバグダッドで用いられたのち，イスラム支配下にあったスペインのユダヤ人学者によって，10世紀，ヨーロッパにもたらされた。

人と時の新しい関係

　12〜13世紀，西欧は経済的な発展を遂げ，それにともなって人と時との関係も変わってきた。都市が経済活動の中心となり，商業網が広がるにつれ，商人は品物の配達や船舶の出入港の時期について，見通しを立てなければならなくなった。銀行家は大きな市を見込んで信用貸しを行い，大量の為替手形を発行するようになった。卸売業者にとって時は商品価値をもっていたので，その値段を決めるためにも時を数量化する必要があった。時の基準によりいっそうの厳密さが要求されるようになったのだ。

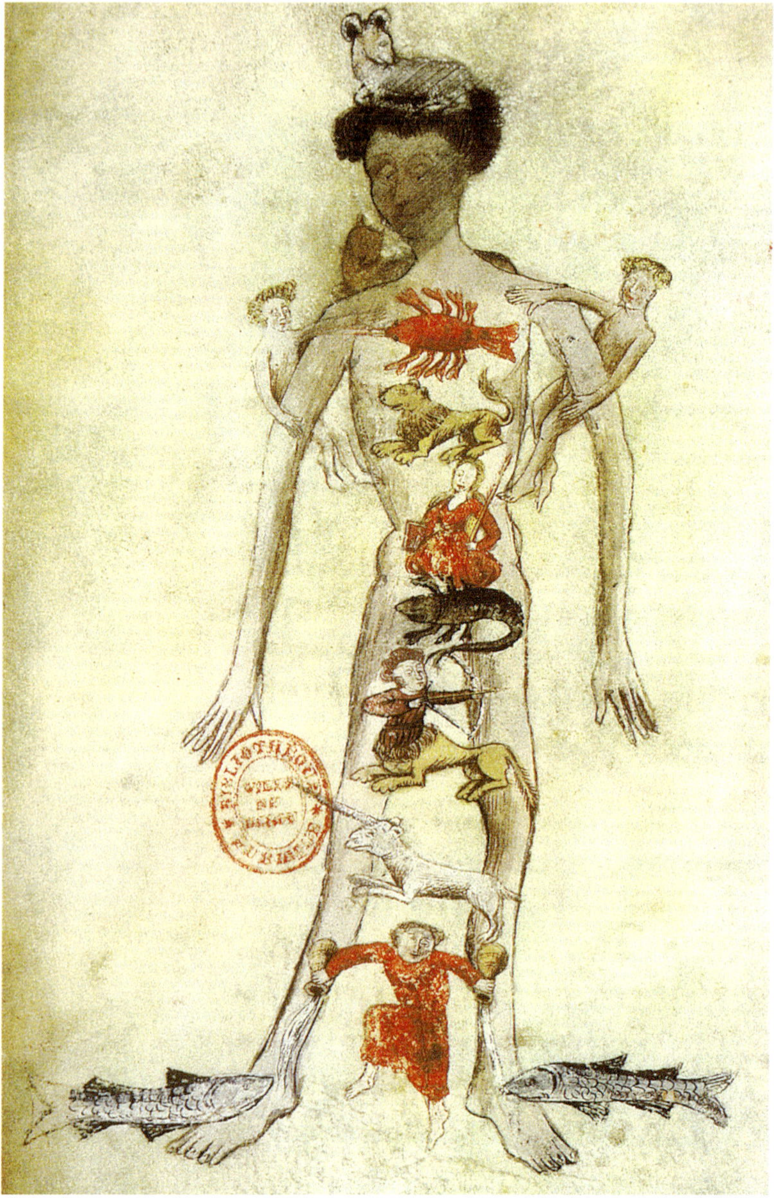

第 3 章 計測の道具

(左)天体の影響をうける人体(15世紀)と, (右)魚座の図(17世紀)——占星術は17世紀まで, ひとつの学問分野として天文学と同列に置かれていた。プトレマイオスの『テトラビブロス』に始まり, ビザンティウムやイスラム世界で広く行われていた占星術が, 西欧キリスト教世界に再発見されたのは12世紀のことである。星占いは1650年頃まで, 印刷されたすべての暦に掲載されていた。明日を恐れる気持ちがあまりにも強かったので, 未来を解読しようとせずにはいられなかったのだ。予言も知らずに未来を想像するなど思いもよらなかった。占星術によれば, 人体は宇宙の縮図であり, 天体に支配されている。そして体の器官は, それぞれ黄道12宮のどれかから影響を受けていると考えられていた(左)。医療には処方暦書が手放せなかった。この暦書は太陰暦で, どの日が瀉血やその他の処置(下剤を飲ませる, 風呂に入れる, 膿を吸い取るなど)に適しているかが書いてあった。たとえばミラノの処方暦書には「月が牡羊座にあるときは, 種まき, 入浴, 種々の薬(とくに頭, 喉, 胸, 丹毒の薬)を飲むのによい」という文章が見える。

075

時を操るために人々が初めて手にした道具は、大型の機械時計だった。大時計は13世紀末にイタリアに現れ、14世紀には全ヨーロッパの都市に広まった。教会の鐘が鳴るのは、朝課やミサや晩課のときだけだが、大時計は毎時間鳴る。大時計は「時をつくり出した」。それは足したり引いたりできる時、一定の長さの時間を単位とし、客観的に計測できる時だった。したがって大時計は人々を一斉に動かすことができ、しかももはや教会には依存していなかった。大勢の人にかか

↓遊星歯車装置の鐘突き大時計（15世紀）——この大時計は、重力で錘が下がることによって歯車が回る仕組みになっている。

わる時の仕組みが、教会から独立した世俗的なところに生まれようとしていたのである。

これと並行して、暦の使用も増えていった。人々の暮らしが自然や宗教のリズムから自由になるにつれ、時の長さを知るために暦が必要になったのだ。

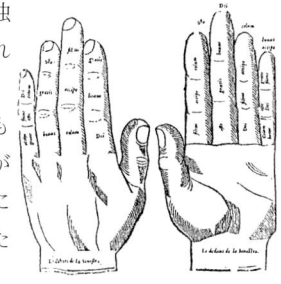

⇐⇩手指を使った暦算法の説明図(1586年)──15世紀と16世紀、教養ある人々は暦の使い方を覚えるのに、さまざまな記憶術の助けを借りた。この図には、左手の指関節に決まり文句を正しくあてはめて年の主文字をみつける方法が説明されている。「暦の計算ができない人は獣に等しい。せめて曜日くらいはわからなければならない」

日付の概念

だが、大時計が普及して時の分割が細かくなったからといって、時の概念が急に正確になったわけではない。大多数の人間にとって、生活のリズムはあいかわらず太陽(昼と夜、季節)と典礼(日曜日と祭り)によって決まっていた。農村では、暦は毎日曜日、教会の説教壇に立った司祭から口頭で知らされていた。手に入る暦といえば時禱書のような特別なものに限られ、それらは「典礼の時を知るには役立つが、宗教と関係ない日常生活の時を測るには役立たなかった」(歴史家フランチェスコ・マイエッロ)。そこには日付の表示もなければ、月の長さも書かれていない。日々は等価ではなく、重要なのは日曜日と、特別な宗教上の祭日だけだった。文書の日付もあいまいで、聖レミギウスの日、聖ミカエル祭の次の日曜日などと記されていた。

それでも交易は増大する一方で、先に述べたように、明確な時の基準を使わなければとうてい円滑に進めることはできなくなっていた。商業行為の日付を、年と、月と、日とで決定できるようにしなければならなくなったのだ。

年月日による日付は、普及に長い時間を要し、その学習に多大な努力がついやされた。14世紀、12ヶ月の名前と日数をそらで覚えていたのは教養ある人々だけだった。学生はかぞ

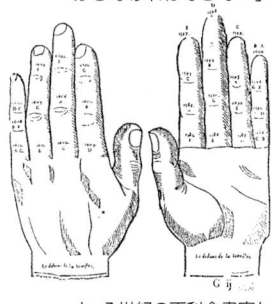

と、7世紀の百科全書家セビリヤのイシドルスは書いている。手による暦算法は17世紀初頭まで、年月日の習得に重要な役割を果たした。

え唄と手を使って月を覚え、日と祭りを結びつけていた。その後これらの技法は学校で教えられるようになった。正確な日付の概念は、2世紀かかってようやく社会に定着した。16世紀末、日付は文書を客観的に位置づけるときの基準として、欠かすことのできない要素となった。

暦書が果たした役割

占星術の流行は暦書の流行をもたらした。医者も天文学者も未来を占おう、見通そうとして、占星術の暦書を書いた。教養ある人々は未来を知ろうとしてこれらの書物を買いもとめ、それを読みながら新しい暦に慣れていった。16世紀に入ると、印刷術の普及にともない、多くの暦書が出回るようになった。そこにはたいてい、移動祭日の一覧表や、曜日早見表と並んで、時の区分を教える文章が載っていた。月は擬人

↓船乗りの暦(16世紀。木版)——船員の毎日は、この暦によって日々異なる色合いがあたえられ、その日に祝われる聖人の生涯に応じて特別な価値があたえられていた。下の図像の中には、現代人には意味がよく分からないものもある。左列から順に3月、4月、5月、6月の暦。3月には大天使ガブリエル(最下)、4月には聖ゲオルギウス(下から三つ目)、5月には聖ヤコブ(上から二つ目)、6月には聖ヨハネの子羊(上から四つ目)の図像が描かれている。

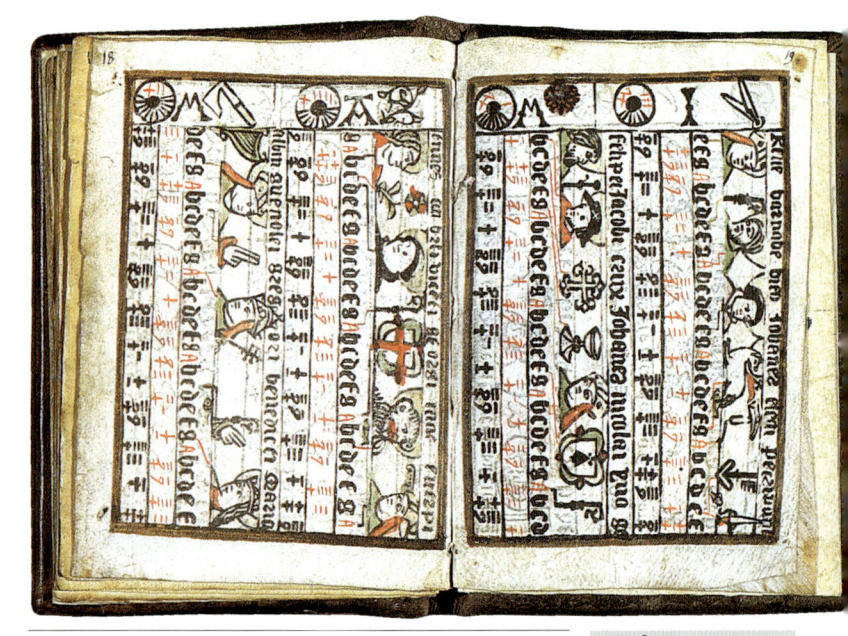

化され，人生の各時期にたとえられていた。日付の習得はやさしくなった。

1550年頃から，暦書の時は数値化されはじめた。出版された暦書のうち，日に番号を付けたものが半数を上回り，変化は決定的になった。1年はもはや飛び飛びの祭日をつなぎあわせたものではなくなった。はっきりと区別された日々が規則的に並んでいる列として見えるようになったのだ。

日付の概念が浸透し，暦書が普及すると，従来のように聖職者だけではなく，裕福な世俗の信者も，暦を用いて時の中に自分を位置づけることができるようになった。教会の力の及ばないところで，個人が時を自分のものにしようとし始めたのである。

この頃，建設の途次にあった近代国家はしだいに暦に対する支配力を強めていった。スペインでも，デンマークでも，オランダでも，フランスでも，国王たちは神聖ローマ帝国にならって，新年を1月1日に始めるよう国全体に強制した。時の支配権はローマ教皇の手から世俗君主の手へと移り始めた。まさにこのとき，教会が動いたのである。

暦法改革のプレリュード

ユリウス暦の1年は1太陽年より11分4秒長すぎた。この誤差はプトレマイオスの頃から知られ，復活祭の日の決定にやっかいな問題を引き起こしていた。復活祭の主日は，春分

↑羊飼いの暦(15世紀)——「羊飼いの暦」はフランスで最も有名な占星暦書である。1491年に初版が出て以来，19世紀まで順調に再版を重ね，多くの暦書のモデルとなった。教養ある都会人を対象とした雑学的な暦書で，曜日早見表をはじめ，ホロスコープ，治療上の助言，天気に関する俚諺，信仰箇条などを含んでいた。

後の満月直後の日曜日と決められている。ところが毎年11分4秒の誤差が何百年にもわたって積み重なった結果、春分（太陽が春分点を通過する日）に対応する日付が冬の方へずれてしまい、16世紀には10日のずれができていた。つまり本当の春分に対応するのはユリウス暦3月11日で、公式に決められていた3月21日ではなくなっていたのだ。暦の調節機能が狂い、社会の1年と太陽の1年が呼応しなくなっていた。

中世においても、大多数の暦算家はこの欠陥に気づいていたが、そういうものだとあきらめていた。時は神に由来するもの、暦は神が望んだものという考えが根強かったのだ。ロジャー・ベーコンのような少数の学者が改暦を訴えたが、何の対処もなされなかった。キリスト教暦の弱点は、ユダヤ教やイスラム教の学者の嘲笑を買った。

だが16世紀初頭、こうした欠点はもはや許容されなくなっていた。正確さを求める声が高くなり、教会もそれを気にかけるようになった。1514年、ローマ教皇レオ10世はラテラノ公会議で、暦法改革に関する意見の聴取を提案した。だが反響は少なく、例外は（といっても決定的な例外だったが）、1年の長さを決定するための計算に没頭したポーランドの聖職者、コペルニクスだけだった。彼は1543年、死の直前に『天体の回転について』を発表し、地球が太陽のまわりを回っているのであって、その反対ではないという、いわゆる地動説を展開した。そこにあげられた一連の計測値はきわめて精度が高く、改暦のために信頼のおけるデータとなった。

グレゴリウス13世の暦法改革：10日が消えた

1575年、ローマ教皇グレゴリウス13世が命じた暦法改革は、1545年から約20年間断続的に開かれたトレント公会議の延長線上にあり、宗教改革によって弱体化した教会を建て直そうという努力の

↓ 渾天儀（18世紀）——1267年、フランシスコ会修道士のロジャー・ベーコンは、時のローマ教皇クレメンス4世に宛てて次のように書いた。「我々の暦は理性への冒瀆であり、健全な天文学の面汚しであり、数学者に対するおふざけです」。渾天儀は、天体の動きをあらわす環を幾重にも組み合わせた教育用の器具。下のものはコペルニクス型と呼ばれ、太陽が中心になっている。

一環をなしていた。教皇の目的はまず宗教的なものだった。すなわち、教会の司る時と自然の司る時の調和をはかり、春分の日がニカイア公会議で決められた3月21日から大きくずれないようにすることである。もはや伝統を楯に正確さをないがしろにすべきではなかった。神の時は正確でなければならず、そのためにはユリウス暦を変えなければならなかったのだ。

この宗教的な意図に加えて、教皇の胸には、時に対する教会の支配力を再確認したいという思いもあったに違いない。時あたかも宗教戦争の真最中であり、一歩間違えれば暦が教会の手を離れて独立した計測システムになってしまいかねなかった。改暦諮問委員会は、問題そのものが持つ困難に直面したが（1太陽年は1日の整数倍ではない）、結局、カラブリアの医師ルイジ・リッリオの提案にしたがい、簡単な解決策を採ることを決議した。その解決策とは、ユリウス暦では4年に1回と決められていた閏年を、400年ごとに3回減らすというものである。そのために、400年に4回めぐってくる下二桁が00になる年のうち、3回は閏日の挿入をやめることにする。つまり、100で割り切れる年のうち、400でも割り切れる年（1600年、2000年、2400年…）は従来通り閏年にしておくが、その他の年（1700年、1800年、1900年…）は平年とするのである。一方、過去に蓄積されたずれを修正するには、いっぺんに10日を削除す

↑クリストフォルス・クラウィウス（1537〜1612年）――ドイツのイエズス会修道士クラウィウスは、改暦諮問委員会の中心人物であり、改暦後はその施行のために第一線で闘った。多くの人が新しい暦の近似的解決法に批判的だったが、彼は五冊の書物を著して改暦の意図を説明するとともに、ひとつひとつの非難に対してていねいな回答を与えた。この情熱を称えて、月の最大級のクレーターに彼の名前がつけられている。

れmlばよい，とリッリオは提言した。

　これらの案はすべて，1582年2月24日に署名された教皇の大勅書に盛り込まれた。1582年10月から10日が削除されることになり，曜日はそのままにしておかれたので，10月4日の木曜日から一挙に15日の金曜日に飛ぶことになった。また，どのキリスト教国も，キリスト割礼の祝日である1月1日を元日とすることが定められた。

　グレゴリオ暦と呼ばれるこの新しい暦法は，すみやかな実施を求めて全カトリック国に送られた。根まわしは済んでいた。4年前の1578年，カトリック国の国家元首や高位聖職者たちはみな，グレゴリウス13世からリッリオの構想の要約を受け取り，意見を求められていたのだ。

　採択された暦法は，簡単で，しかも精度が高いという大きなメリットをもっていた。簡単というのは，ユリウス暦をほとんど変えずにすむからで，精度が高いというのは，グレゴリオ暦が1太陽年より1年につきわずか26秒しか速く進まないからである。現在のずれは3時間，これが1日に達するのは約2700年も後のことになる。

　グレゴリオ暦は，改革の音頭をとった教皇庁の権威が揺らいでいたこと，天文学研究の道具が洗練されていなかったこと，解決法が近似的だったことを考え合わせると，早々に挫折してもおかしくなかったが，施行から4世紀たった今でも使われているばかりか，世界の標準暦となっている。

非カトリック教会の抵抗

　グレゴリオ暦は，ヨーロッパのカトリック国ではさっそく実行に移された。1582年にはイタリア，スペイン，ポルトガル，フランス，数年後にはオーストリア，ポーランド，ハンガリー，そして神聖ローマ帝国内のカトリック諸国が，新しい暦法を施行した。

　これに対してプロテスタントは，なかなかグレゴリオ暦を

↑改暦会議——上は1576年，グレゴリウス13世に招集されて改暦について話し合う高位聖職者たち。一人が立ってユリウス暦のまちがいを説明している。トレント公会議ですでに改暦の必要性が叫ばれていたので，法律の素養があり1572年に教皇に選出されたグレゴリウス13世は，強い意志をもって改革路線を引き継ごうとしていた。彼にとって，自分の名を冠した改暦は，教皇在任中の事業の中で最も重要なものとなるは

認めなかった。50年ほど前、改暦計画の噂を耳にしたルターが、暦法は世俗の権威に委ねるべきであり、教会が関与すべきではないと公言していたのだ。プロテスタントは新しい暦法を教皇派の策略、つまり時を意のままに操ろうとする意志の露骨なあらわれとみなしていた。しかもその中心にいるのがグレゴリウス13世だったから、この策略はよけいに胡散臭かった。というのは、グレゴリウス13世は対抗宗教改革の熱心な推進者であり、プロテスタントが大量に殺された1572年の聖バルテルミーの虐殺を手放しで喜んだ人物だったのだ。天文学者ケプラーの言葉を借りれば、「プロテスタントは教皇と仲良くするくらいなら太陽と不仲でいる方がましと思って」いたのだ。

ずだった。
グレゴリオ暦がさまざまな反対にもかかわらず定着したのは、新しい秩序の建設という時代の潮流に合っていたからかもしれない。実際、改暦が行われたのは宗教的な激動期（プロテスタントの宗教改革に対抗するカトリック改革）であり、近代国家の確立期であり、17世紀の科学革命に先立って知性が目覚めた時期だった。

こうしてプロテスタント国家はユリウス暦を固持し、これを旧暦と呼んでグレゴリオ暦と区別しながら18世紀まで使い続けた。

　一方、英国教会もプロテスタント教会と同じ理由でグレゴリオ暦を拒み、西欧の中では最も遅くまで新暦を採用しなかった。イギリスが重い腰を上げてようやく近隣諸国にならう決心をしたのは、元国務大臣のチェスタフィールド卿が2年間、強い説得力にもの言わせて大衆紙や貴族に働きかけ、世論を高めた結果である。1752年、元日が4月1日から1月1日に移るとともに、1年から11日が削除されることになった。9月2日の翌日がいきなり14日に飛んだため、「我らの11日を返せ」という叫び声とともに多くの抗議行動が巻き起こった。

　だがこれら改革派の教会より、正教会の方がもっと手に負えなかった。正教会諸国がグレゴリオ暦を使い始めたのは20世紀に入ってからである（ロシアは1918年、ルーマニアは1919

『十分の一税』（ブリューゲル子作。1617年）——農民たちと向き合っている法律家か収税人と見られる男の、後ろの壁に暦書が貼ってある。17世紀、宮廷の役人や、司法官や、商人たちは、よくこのようなポスター型の暦を使って日付を確かめていた。このように仕事で使い始めたことがきっかけとなって、月日の計算や、時の計量的な管理が始まったのである。

年,ギリシアは1924年)。教会の中には,しぶしぶ大勢には従ったものの,独自の復活祭暦算法を守り抜いたところもあった。今でもロシア正教会をはじめ,いくつかの正教会(アトス山やエルサレム)は,グレゴリオ暦より13日遅いユリウス暦を使っている。

暦から学んだこと

　我々は暦を用いて,時の流れの中に自分を位置づけることができる。自分の現在いる位置を知り,過去を整理し,未来を計画することができる。だが暦を使いこなせるようになるまでの道筋は長く,複雑である。日付の習得が始まってから,スケジュール手帳が使われるようになるまでには,数百年という長い時間がかかった(前者は16世紀,後者は18世紀)。

　16世紀の終わり頃,教養ある人々は時の中に現在の自分を位置づけることができるようになっていた。日に番号を振った暦のおかげで,自分が今いる日を年・月・日で認識することができるようになっていた。日付がわかると,今度は過去の中に自分を置くことができるようになる。「集団の記憶力によって蓄積された思い出は,暦の中に書き留められるおかげで,日付のついた出来事となる」とポール・リクールは書いている。暦がなければ歴史は存在しないのだ。その歴史が1550年,ドイツの暦に登場した。教養人のための暦で,歴史的事件の起こった暦日に,それに関する短い説明が添えてある。カルヴァン派とカトリック派はこれを用いて激しい宗教宣伝合戦を行い,のちにはイエズス会とジャンセニストが暦を介して論争を展

↓『われらの11日を返せ』(ホガース 作。1732年)——プロテスタント教会と英国教会は,100年以上にわたってグレゴリオ暦を拒み,激しい非難を浴びせ続けた。グレゴリウス13世を評して,神学教授ヤーコブ・ヘールプラントは,「我々はあの暦の改竄者を,神の羊の群を導く牧者とは認めない。奴は吠える狼でしかない」と言っている。これと並行してプロテスタント教会は,聖人信仰,断食,日曜ミサを廃して従来の教会暦の精神を変え,時の世俗化を先取りした。

⇐1669年の暦——ポスター型のこの暦には、ルイ14世が外国の使節を引見している場面があらわされている。この大画面に描かれたものすべてが、王の栄光を際だたせている。ルイ14世は中央の踏み段の上にいて、他の者たちとの距離が強調されている。王はその外交活動において、フランスの栄光を体現しているのだ。かつてこれほど念入りな権力の寓意表現はなかっただろう。太陽王にとって暦はコミュニケーションの手段、というより政治的宣伝の手段であり、王自身を神聖化したり、世継ぎの誕生や戦勝といった重要な出来事を視覚的に示したりするのに用いられた。パリにはこの種の版画を専門につくる印刷所があったが、警察はそれらを始終監視し、定期的に踏み込み捜査を行っていた。権力は将来の模範となるようなカレンダーをつくりだして、みずからのイメージを演出し、時をわがものとした。そしてこの頃、国家は自分の手で暦の管理を行うようになる。1679年以降、フランス科学アカデミーが毎年公式の暦を発表し、ほとんどの暦書がそれを写すようになったのだ。

開した。

　17世紀、暦は将来の予定のために使われるようになった。1650年頃、はじめて先を見通すためのカレンダーが現れた。日に曜日名を付けたもので、これによって将来の予定を正確に決めることができる。だがこれが慣例化し、暦書に取り込まれるようになったのは約一世紀も後のことだった。この間、

暦書の内容は少しずつ変化し、占星術や天気占いの占める割合は減っていった。18世紀、暦書は発行部数を増やし、新しい購買者層を獲得した。

19世紀には、一目で予定がわかるスケジュール手帳と、実用本位のカレンダーが普及しはじめた。月ごとに日に番号が振られ、日ごとに曜日名が書かれてた、今日のカレンダーの形が整ったのはこの頃である。以後、カレンダーは毎年作られ、広く利用されるようになった。読み書きできる人はみな時の区分法を知っていた。この進歩を支えた要因はいくつかあるだろうが、教育の浸透と、経済の発展が大きい。大時計が（17世紀にはブルジョワジーの間に、18世紀には庶民の間に）普及したこと、さらにそれが小型化（腕時計）したことによって、人々は時に敏感になり、歴史家ダヴィッド・ランドの言うように「時への服従から時の支配へと」移行したのである。

↑ 星占い(18世紀)——18世紀、それまで都市の教養人を対象としていた暦書が、行商人を介して農村にも広まりはじめた。以後、それは大衆文化の重要な要素となり、小学校で読み方を教えるためにも使われた。暦書の中で、未来を思い描くのになくてはならなかったのが星占いの欄である。そこにはたいてい黄道12宮における月と太陽の位置が示され、健康や天候やさまざまな活動に関する運勢が書かれていた。

フランス革命暦

グレゴリオ暦は、過去、いくつかの革命運動によって中断したことがある。恥ずべきと考えられた過去と訣別するため、新しい時の区分法が試みられたのだ。

異議申し立てが最も急進的だったのはフランス革命の時で、1793年から1805年までの12年間、何から何まで新しくなった革命暦が使われた。この野心的な改暦には三つの狙いがあった。まず旧体制との訣別を鮮明に示すこと、次に新しい社会に生活と祭りの枠組みを与えること、最後に計測システムを合理化することである。

革命暦たるもの、歴史の転換点をはっきりと示し、これを

制度化して，歴史がもはや後戻りできないようにしなければならない。「われわれはもはや，王に抑圧されていた日々を，われわれが生きてきた時として数えることはできない」と，新しい暦のアイデアを提供したファーブル・デグランティーヌは書いている。一方，改暦委員会の中心人物ジルベール・ロンムはつぎのように宣言した。「時は歴史に新しい書物をひらく。そしてその新しい歩み——おごそかで，平等のように飾り気のない歩み——のなかで，時は新しいノミをふるい，新生フランスの年鑑を刻みつける」。

新しい時代は1792年9月22日，共和制宣言とともに始まった。嬉しいことにこの日はたまたま昼と夜の長さが同じ秋分の日でもあった。革命家たちはこれを吉兆とみなした。市民の平等と昼夜の平等が呼応した，歴史と自然が合流した，と考えたのだ。

革命暦は1793年10月5日，恐怖政治の最中に発令された。それは時を非キリスト教化しようという意志の現れでもあり，主の日として特別視されていた日曜日をなくし，「司祭の死体置場」だった暦から聖人を一掃しようというものだった。

新しい暦は明確かつ正確であろうとし，単純かつ普遍的であろうとした。同じ頃，度量衡改革が行われ，十進法にもとづくグラムやメートルなどの単位を強制したが，革命暦もそれと同じく，集団生活の合理化をめざす運動の一環をなしていた。従来の暦は月の長さが不均等な上に，祭日も毎年移動し，変則だらけの「隷属と無知のモニュメント」にしか見えなかった。新しい暦では十進法が用いられ，天体観測にも十進法が適用された。月より小さい区分単位はすべて10で割り切れるように定められた。1日は24時間ではなく10時間になった。1年は12ヶ月だったが，1ヶ月はどれも30日で，10日を単位として3つの期間に分けられた。1年の日数から12ヶ月の日数を引いた残りの5日間は「サン＝キュロットの日」として年末に置かれ，4年ごとに閏日が1日挿入された。こ

↑10進法表示の文字盤がある時計──「近頃では1日が10進法で分割されたストップウォッチが作られている。これを使うと10万分の1日まで測ることができるが，これは中肉中背の元気な男子が，軍隊式の速足で歩いているときの脈拍一回分の長さに相当する」。このようにロンムは，何とかして10進法分割を自然に結びつけようとした。だが1日を10時間，1時間を100分，1分を100秒に分ける新システムはたちまち挫折した。国民公会の議員たちは，民衆の抵抗や，新しい時計を作る時計職人の苦労を甘く見すぎたのだ。結局，新法は共和暦3年芽月18日(1795年4月7日)をもって廃止された。

うして見ると、確かに新しい時のシステムではあるが、本質的には古代エジプトの暦と変わらないことが分かる（1ヶ月を30日として1年を12ヶ月で構成すること、1ヶ月を10日ずつに三分すること、年末に5日の余日を置くこと）。

この暦にどんな内容をあたえるべきか。どんなシンボルを

⇧共和暦3年のカレンダー——共和暦は新たな祭日システムを制定した。上に描かれているのは、ロベスピエールの発案になる「至高存在の祭典」（花月20日）。

090

用いるべきか。ファーブル・デグランティーヌの発案で、国民公会は暦に自然の要素をとりいれた。日はそれぞれ植物か、動物か、農具と結びつけられた。チューリップの日、カミツレの日、犂(すき)の日…。かつてのクリスマスは犬の日となった。

月には詩的で情感豊かな名前がつけられた。秋は葡萄月(ヴァンデミエール)、霧月(ブリュメール)、霜月(フリメール)、冬は雪月(ニヴォーズ)、雨月(プリュヴィオーズ)、風月(ヴァントーズ)、春は芽月(ジェルミナル)、花月(フロレアル)、牧草月(プレリアル)、夏は刈月(メシドール)、熱月(テルミドール)、実月(フリュクティドール)である。一年に節目(いくめ)をつけるため、共和国らしい祭日も幾つか設けられた(バスティーユ監獄襲撃、王制崩壊、共和制宣言など)。

革命暦の挫折

だがこの革命暦はとうとう定着しなかった。旬日最後の第十日(デカディ)は日曜日に取って代わることができなかった(資料篇2)。農民は五月の祭りや、聖ヨハネの火祭り、守護聖人の祭日といった、昔ながらの祭りが消えるのを喜ばなかった。革命暦は社会になじまず、集団の想像力に訴えることに失敗して、少しずつ消えていった。革命記念の祭日は共和暦第8年にすべて削除され、ナポレオンが教会と革命派との和解をはかって政教和約に署名した第10年には、日曜日がふたたび休日となった。第13年実月15日(1805年9月9日)、革命暦はついに正式に破棄された。その理由はまず十分合理的でなかったこと、そしてあまりにも国家主義的だったことである。科学的であろうとし、普遍的であろうとした新暦法の完全な撤回は、ひとつの象徴として大きな意味をもっていた。ハンナ・アレントが言うように、フランス革命は歴史のひとこまになったのだ。つまり、新しい時を始めるだけの内容が、それ自身の中に含まれていたわけではなかったのである。グレゴリオ暦は1806年1月1日に再開された。皇帝ナポレオンの戴冠式から一年余りが経っていた。

⇐共和暦のカレンダー(上左から反時計回りに芽月、刈月、霧月、風月)──「我々の基本的な考えは暦によって農業の地位を固め、国民をそこに還してやることだった。そのために1年の時候や時期を、農業や農村経営からとった具体的で分かりやすい言葉で特徴づけた」。ファーブル・デクランティーヌはこのような考えにもとづき、詩人のシェニエや画家のダヴィッドとともに共和暦の月の名前を考案した。新しい暦を受け入れさせるには「絵の力」に頼るのが良い、と彼は考えた。左のカレンダーはその考えを素直に実行したものである。今日のカレンダーの先駆けとなった形式で、個人(とくに男性)向けに、人や動植物を織り込みながら、時とともに移り変わる擬人化・理想化された自然の多様な姿を夢想させるようになっている。メッセージや助言は書かれていない。

(次の二頁)19世紀末の広告用カレンダー──19世紀、カレンダーは第一級の広告媒体となった。消費社会が物質的幸福の追求に乗り出したのだ。

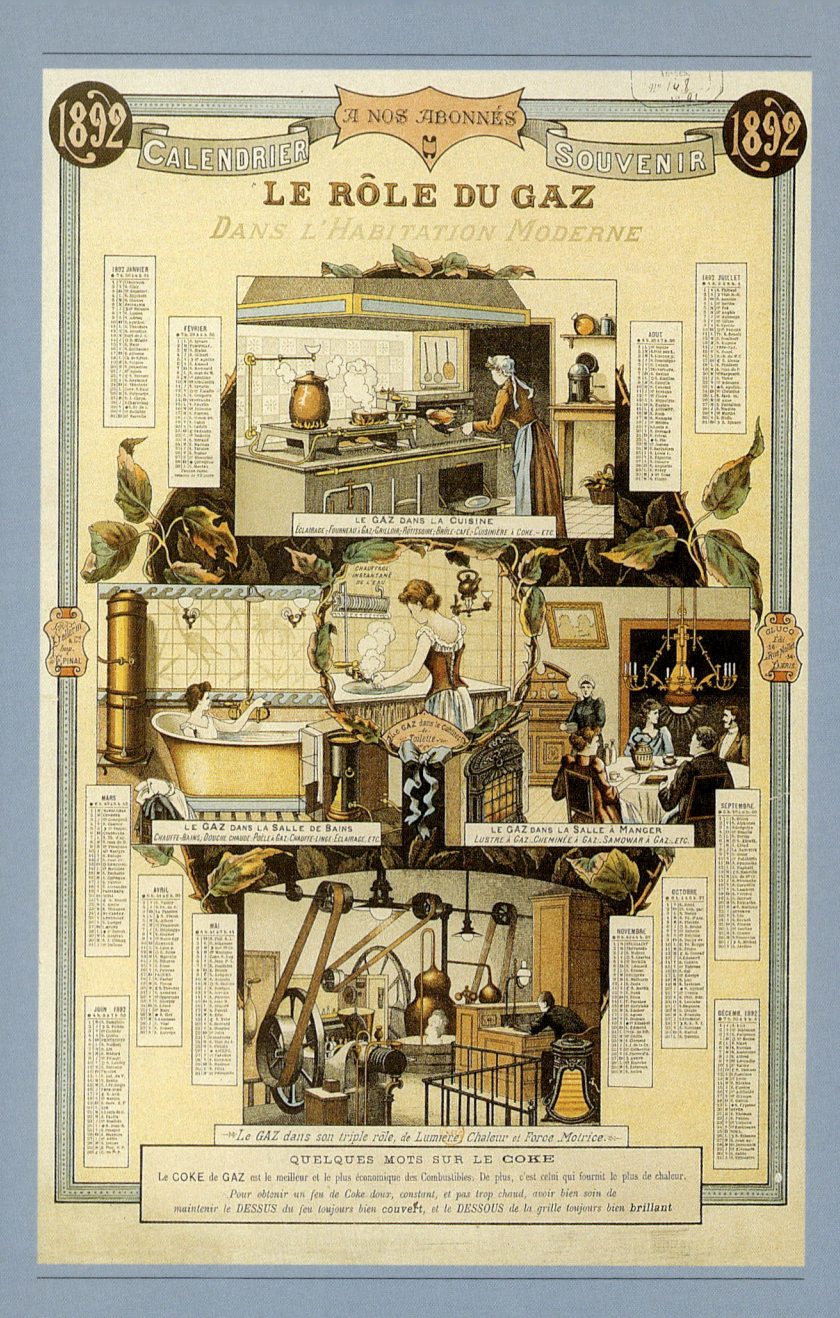

1892 CALENDRIER SOUVENIR 1892
A NOS ABONNÉS
LE RÔLE DU GAZ
DANS L'HABITATION MODERNE

LE GAZ DANS LA CUISINE
ÉCLAIRAGE - FOURNEAU A GAZ - GRILLOIR - RÔTISSOIRE - BRULE-CAFÉ - CUISINIÈRE A COKE - ETC

LE GAZ DANS LA SALLE DE BAINS
CHAUFFE-BAINS, DOUCHE CHAUDE, POÊLE A GAZ, CHAUFFE-LINGE, ÉCLAIRAGE, ETC.

LE GAZ DANS LA SALLE A MANGER
LUSTRE A GAZ, CHEMINÉE A GAZ, SAMOWAR A GAZ, ETC.

Le GAZ dans son triple rôle, de Lumière, Chaleur et Force Motrice.

QUELQUES MOTS SUR LE COKE

Le COKE de GAZ est le meilleur et le plus économique des Combustibles. De plus, c'est celui qui fournit le plus de chaleur.

Pour obtenir un feu de Coke doux, constant, et pas trop chaud, avoir bien soin de maintenir le DESSUS du feu toujours bien couvert, et le DESSOUS de la grille toujours bien brillant

第3章 計測の道具

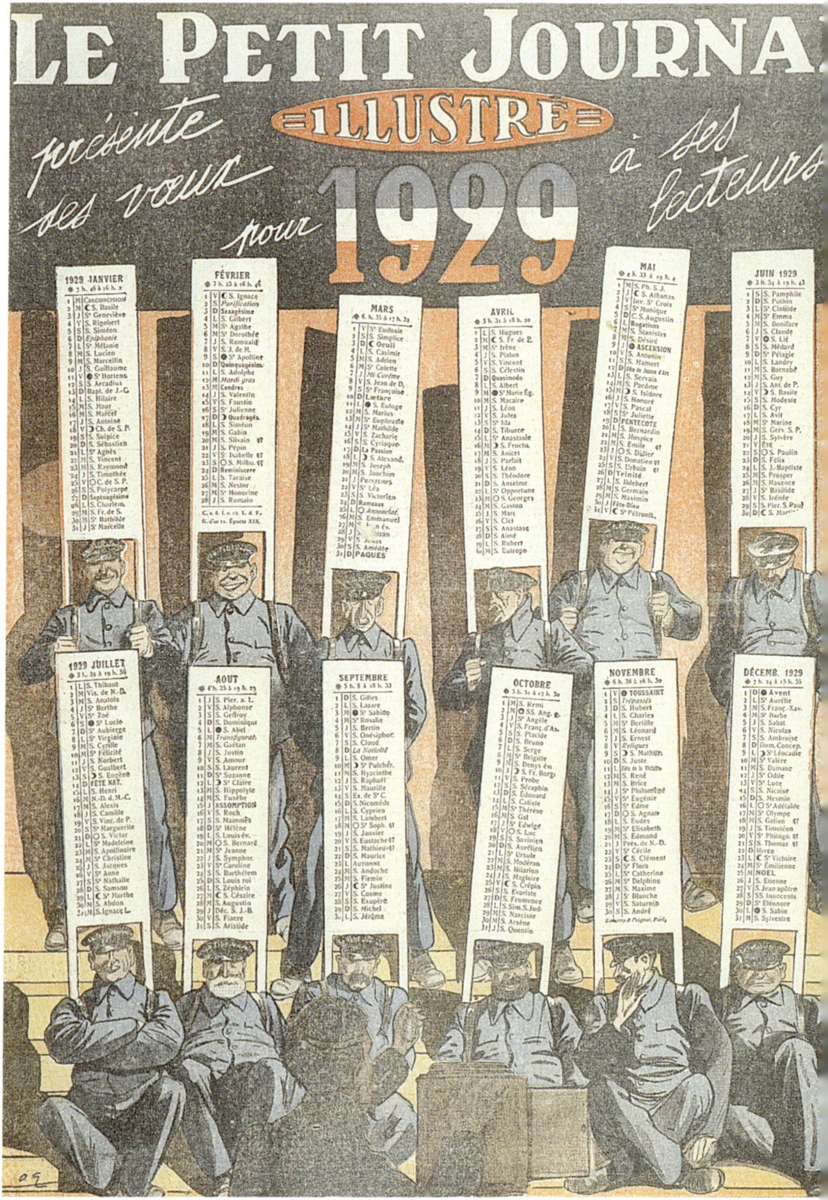
LE PETIT JOURNAL
ILLUSTRÉ
présente ses vœux pour 1929 à ses lecteurs
1929 JANVIER
FÉVRIER
MARS
AVRIL
MAI
JUIN 1929
1929 JUILLET
AOUT
SEPTEMBRE
OCTOBRE
NOVEMBRE
DÉCEMB. 1929

第 3 章 計測の道具

⇐20世紀のカレンダー ——図版左には、1月から12月までのカレンダーを背負った郵便配達夫が描かれている。これを見ていると、民衆に暦を教え込むため、ある種の公的機関が大きな役割を果たした事実が思い起こされる。工場で、軍隊で、労働者や兵士たちは、否でも応でも厳格な時の規律を叩き込まれた。決められた時刻までに来ること、丸一週間働くこと、祭りの翌日は仕事を休まないこと……。学校では子どもたちが年単位、世紀単位で時をかぞえることを覚え、時の地平を広げていった。そして、カレンダーには絵柄がついてくる。政治的宣伝、エロティシズム、ユーモアなど、バラエティーの豊かさには限りがない。なぜだろう。とらえ所のない未来を具象化するためだろうか。カレンダーは記憶の媒体であると同時に欲望の媒体でもあり、そこには時代の好みが忠実に映し出される。

Januar 1952

M	D	M	D	F	S
	1	2	3	4	5
7	8	9	10	11	12
14	15	16	17	18	19
21	22	23	24	25	26

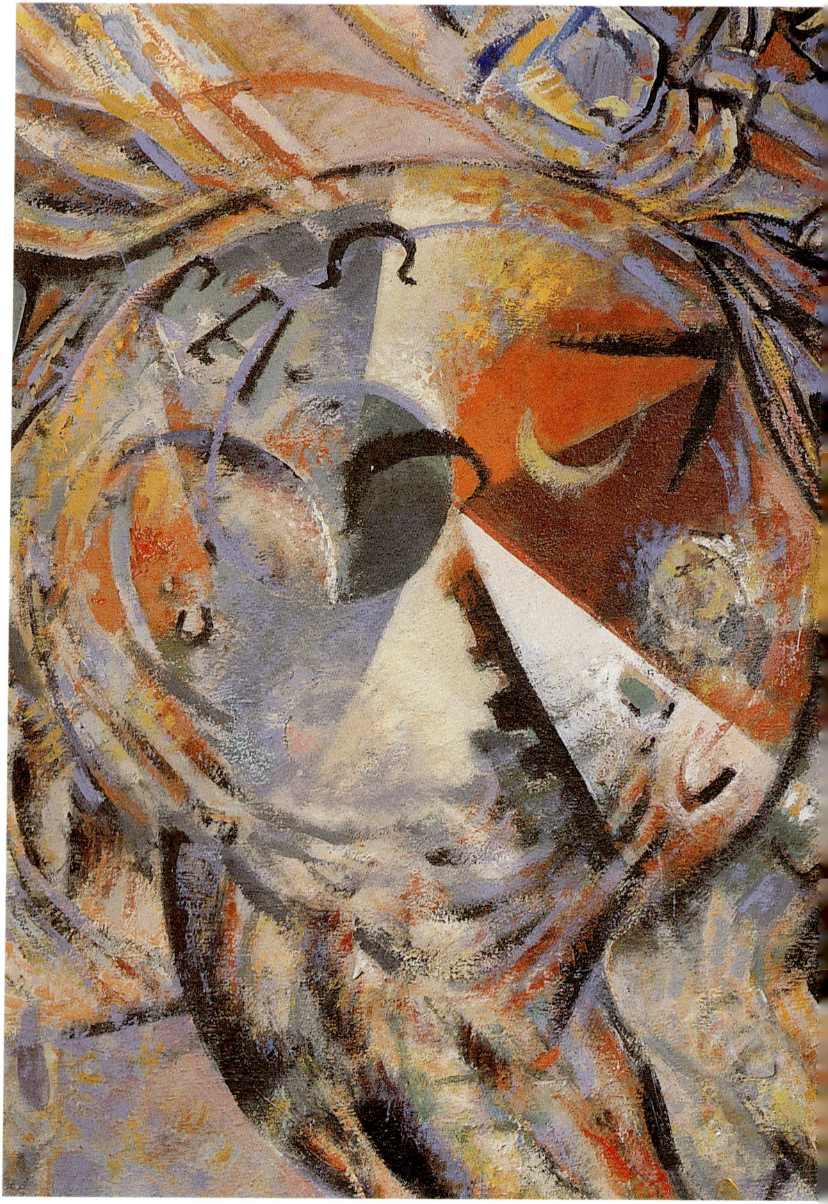

❖近代,暦には相反する二つの波が押し寄せた。一方では,時の計測が画一化し,グレゴリオ暦が世界の標準として定着した。他方では,政治的または宗教的共同体が,自分たちの方法,自分たちのリズムで時を利用した。彼らには彼らの集団記憶をあずかる彼らだけの暦がある。 ……………………………………………………………………………………

第 4 章

暦 と 政 治 と 宗 教

⇐『時計の文字盤と馬の尻』
（エンツォ・チニ作）
⇒日めくりカレンダーの置物
われわれが生きている社会は「計測可能な時に支配されている。……それは量的な時であり,思考を制御し,文字の助けを借り,強い意志で習得しなければ身につくものではない」(クシシトフ・ポミアン)

ひとつの暦へ

　近世を通じ，時の基準はしだいに画一化されてきた。16世紀から19世紀にかけて，ヨーロッパの勢力拡大にともない，グレゴリオ暦は世界中に広まった。西欧諸国の植民地となり，グレゴリオ暦を強制されていたアメリカ，アジア，アフリカでは，独立後もこの暦法を使い続けるところが多かった。

　20世紀，東欧諸国はすべてグレゴリオ暦に改めた。アルバニアとブルガリアでは1912年，ロシアでは1918年，ルーマニアとユーゴスラヴィアでは1919年，トルコでは1926年に改暦が行われた。改暦の波は極東にも押し寄せ，日本は1873年(明治6年)，中国は1912年にグレゴリオ暦を採用した。中国ではなかなか定着しなかったため，1949年，毛沢東のもとで改暦のてこ入れが行われた。いずれにせよ，改暦には政治的混乱がともなった。ロシア革命しかり，明治維新しかり，トルコの近代化運動しかり，東欧の独立運動しかりである。

　今日，グレゴリオ暦はいたるところで使われている。国によっては二つの暦を併用している所もある。たとえばイスラエルでは，ユダヤ暦とグレゴリオ暦が使われており，新聞や公文書には二通りの日付が記されている。アラブ諸国も，ペルシア湾岸の数ヶ国を除けば，イスラム暦とグレゴリオ暦を併用している。

↑香港の証券取引所──情報科学と遠距離通信の結合によって，コミュニケーションの手段は多様化し，経済の時間はひとつになった。金融システムの動きは一時も止まることがない。

第4章 暦と政治と宗教

　こうして世界中に広まったグレゴリオ暦は，世界の標準的な時の枠組み，国際関係と経済の枠組みとなった。通信システムの発達によって，ますます多くの情報がますます速く飛び交うようになっているが，これらの情報はすべて同じ時の単位にもとづいてやりとりされている。世界中の情報機器が西暦を用いているのだ。

⇩いろいろな国の日刊紙──世界中の日刊紙が週のリズムにしたがっている。週は世界に広まると同時にその性格を大きく変えた。かつては世俗の6日と聖なる1日に分かれていたが，今では仕事の5日と余暇の2日に分かれている。

精密化する時の計測:原子時と調整世界時

　グレゴリオ暦の普及と並行して、時の計測も精密になった。社会が複雑になればなるほど、人々の活動時間をより正確に合わせる必要が生じてきたのだ。1884年には世界規模で時の調整が行われ、地球全体が南北に細長い24本の同一時帯に分けられた。基準はグリニッジを通る経度0°の経線である。1911年には世界時(グリニッジ標準時)が制定された。

　正確さの追求は、小さな時の単位にも及んだ。1875年、国際度量衡総会は1秒を平均太陽日の1／86400と定義した。だがまもなくこの定義では具合が悪くなった。太陽日のよりどころとなる地球の自転は、長い間非常に規則正しいものと考えられていたが、実はそれほどでもないことがわかり、他の基準を探すことになったのだ。1956年、1秒は1900年当時の太陽年の長さの1／31556925.9747と定義された。だが1967年、ついに原子時が出現した。1秒の長さはもはや地球の動きとは無関係になり、原子の動きで決まることになった。
「そこで1年は365.242199日ではなくなり、セシウム原子が290091200500000000回振動するのにかかる時間となった。誤差はせいぜい1回か2回の振動である」(暦史家デヴィッド・E・ダンカン)ところが今度は、自転周期が一定でない地球にくらべて、基準の方が厳密すぎた。これを太陽時間に合わせたものが調整世界時で、国際地球自転局が半年に一回、原子時間に1秒を加えたり減らしたりすることになっている。1972年以降、全体で22秒が加えられた。

束縛するカレンダー

　今日、人間はいつにも増して自然の時から遠ざかっている。暖房のおかげで冬の大変さを忘れ、電灯のおかげで夜の闇か

⇩日付入り腕時計──現代では日付と時刻が同時に表示される。暦と時計が合体したのだ。

第4章 暦と政治と宗教

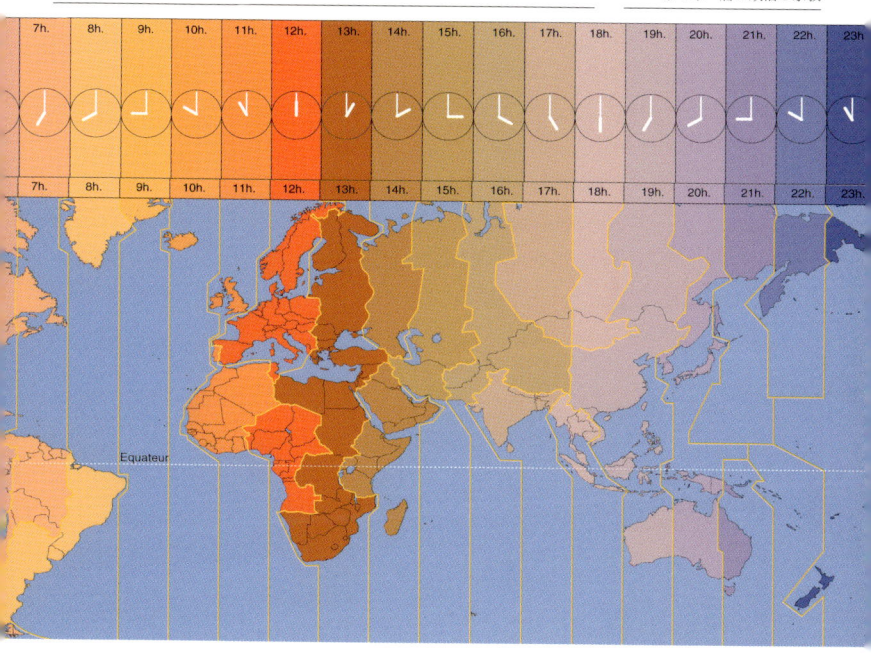

| 7h. | 8h. | 9h. | 10h. | 11h. | 12h. | 13h. | 14h. | 15h. | 16h. | 17h. | 18h. | 19h. | 20h. | 21h. | 22h. | 23h. |

ら解放され、地球の住民の半数以上を巻き込んだ都市化のおかげで、自然のリズムから離れてしまった。

時の基準も同じように自然との結びつきが薄くなった。暦はますます抽象的になった。週と週の区別を明確にするため、第一週、第二週などと番号がつけられた。経済活動の見積もりには、季節ではなく、3ヶ月ごとの四半期や、半年ごとの区分（上・下半期）も用いられるようになった。長い期間を測るには、1930年代、1970年代などと10年刻みにしたり、100年間をまとめて1世紀と数えたりするようにもなった。この世紀という単位について、中世史家ジャック・ルゴフは、それが歴史への横暴だとして次のように述べている。「今やすべてがこの人工的な鋳型の中に収まらなければならなかった。まるで世紀という名の何かが実在するかのように。まるでそれが何かまとまりをもっているかのように。まるで物事が、ひとつの世紀から次の世紀へと乗り換えていくかのように」。

↑同一標準時帯に分けられた世界──通信手段が増えれば増えるほど、時の計測は精密になる。世界に広がった鉄道の発展にしたがって時は調整され、同一標準時帯が定められた。遠距離通信の爆発的発展によって原子時が誕生した。伝達速度の短縮化により、人間と暦の関係は一変した。

先進社会の複雑な活動を円滑に進めるには，時を巧みに制御することが不可欠である。仕事の流れが細かく決まっているので，正確さとプランニングがどうしても必要になる。余暇さえこの枠組みから外れてはいない。バカンスの予定は相当前から組まれ，いくつかの期間に分けられて，その間にどんなスポーツをし，どんな文化活動をするかが，びっしりと手帳に（それも多くは分厚い手帳に）書き込まれる。「われわれは社会の尺度で人生を測ることを強いられた結果，しだいに自分の人生を自由に使うことが（そしてそれを楽しむことが）できなくなってきた」と社会学者モーリス・アルブヴァクスは述べている。数量化された時がすべてを覆い尽くしたのだ。

■ 世界暦の試み

　グレゴリオ暦は，世界の協調に本当に適した道具といえるだろうか。正確さがますます要求される今日，もっと精度が高く，もっと合理的な暦を定めることはできないものか。

　19世紀以来，グレゴリオ暦の欠点はたびたび指摘されてきた。まず1年の分け方が均等でない。四半期の長さがそれぞれ異なるし，月の長さも不均等で，経済活動の妨げになる。さらに曜日が毎年ずれていき，曜日と日付の関係が一巡して

⇨時計の中から見た都市の風景──我々には自由に時間を使うことがだんだんできなくなっている。「今日の機械文明において，われわれは時計が測った計量的な時に牛耳られている。時計に恐喝されているのだ。(……)このためわれわれは時々，経験された時，主観的な時を忘れてしまう。こうして時計はまるで敵のように，記憶の奥行きや広がりをわれわれから奪いとる」（ウンベルト・エーコ）

✐ 日付入りの手帳──18世紀末，手帳に予定を書き込む習慣はようやく始まったばかりで，たいていの人は予定より思い出をそこに書き留めていた。今日，手帳は個人の時間を集団の時間の中に組み込み，かつ現在をこなしていくのに有効であり，社会生活を営む上でなくてはならない道具となっている。そして最近では，簡単に更新できてより融通のきく電子手帳が，紙の手帳と競合している。そこでは時の表示もバーチャルになる。

第 4 章　暦と政治と宗教

元に戻るには28年もかかる。また，キリスト紀元は0年がないから基準として不正確だ，等々。

これらの不都合を直すため，19世紀以降，さまざまな世界暦が考え出された。1849年，オーギュスト・コントは「実証主義カレンダー」なるものを提案した(資料編2)。1年を13ヶ月に分け，1ヶ月を28日，つまり4週間として，年末に1日か2日，週外の「空白日」を設けるというものだ。この案はヨーロッパに大論争を巻き起こしたが，けっきょくは急進的すぎるという理由で退けられた。

もうひとつの案は，天文学者カミーユ・フラマリオンを審査員長とするコンクールで注目されたもので，1年をそれぞれ13週（91日）からなる4つの四半期に分け，1ヶ月の長さを30日か31日とする（図版）。ここでも年末には1日か2日の，週に属さない「空白日」が設けられた。また，どの四半期も日曜日から始まるようになっていた。これらの案がそろいもそろって7日という週の長さを不問に付したことは注目に値する。時の単位のうちで，唯一自然に根拠をもたない週だけが，宗教的・社会的な重要性ゆえに，変更の必要を認められなかったのだ。

20世紀に入ると，さまざまな団体がこれらの暦の改訂版を宣伝し始めた。1914年，国際暦書連盟（1922年に国際固定暦連盟となった）は，アメリカ人企業家たちの積極的な支持をえて，オーギュスト・コントの暦を再びとりあげた。1930年には，フラマリオンの世界暦を支援するため，世界暦協会が設立された。これと並行して，国際連盟が1922年に改暦諮問委員会をつくったが，相反する案があまりにも多く，合意点が見いだせなかったので1931年に改暦は断念された。

今日，世界暦はますます実現しにくくなっている。何より，

↑フラマリオンが支持した世界暦――ある時期，世界暦の構想に関心を示す人は少なくなかった。エリザベス・アケリスを会長とする世界暦協会は，政界に強く働きかけて自分たちの暦を宣伝した。1928年にはコダック社が国際固定暦連盟の案を採り入れ，28日を1ヶ月，13ヶ月を1年とする暦にしたがって生産と管理を行うシステムを作ったが，1990年，ついにこれを放棄した。現在，改暦はもはや話題にのぼらない。大変な思いをして新しい暦法をつくり，それを強制したところで，得るものは少ないと考えられるようになったのだ。

すべてのコンピューターのプログラムを解除するのはとても大変だろう。逆に、キリスト教の移動祭日を毎年決まった日に固定することなら、バチカンの反対が想像しにくいだけに、可能なのではないかと思う。そういう案はときどきに浮上してくるが、政治家にその気がないので実現しないのである。

いずれにせよ、ひと頃の改暦熱は今ではいささか冷めてしまった。それはグレゴリオ暦が従来のように、西洋の科学技術による支配の道具、キリスト教による支配の道具とは受け取られなくなり、とにかく便利な時の区分法だと割り切って考えられるようになったことと関係がある。

⇩新千年紀の始まりを祝うため、ロウソクに火をともすジャワの仏僧（1999年大晦日）——ロウソクに火をともすのは中国の新年の風習、祝っているのはキリスト教の神の3千年紀である。つまり、仏教徒がキリスト教暦の祭りを世俗暦の風習にしたがって祝っているわけだ。

生き残る暦

グレゴリオ暦の世界制覇を前にして、他の暦はどうなっただろうか。消えてしまっただろうか。いや、消えるどころで

はなかった。暦の自主独立主義は今でも健在である。どんな民族にも固有の年中行事があり、それを刻み込んだ暦は、強力なアイデンティティーのよりどころとなっている。暦は集団を結束させ、成員間の絆を強め、他の集団との違いを明確にする。暦に定められたしきたりを守ることは、個人に集団への帰属感をあたえる。たとえば安息日の制度は、バビロン捕囚以来、ユダヤ人の宗教生活の支柱であり、これのおかげで離散ユダヤ人は共同体を作り上げることができた。社会学者のエリアタール・ゼルバヴェルが言うように、もし暦に記録されていなかったら失われてしまったかもしれない集団記憶を、彼らが保つことができたのは、安息日のおかげなのだ。

エジプトやエチオピアのキリスト教徒(コプト)が用いているコプト暦も、彼らのアイデンティティーの基盤をなしている。この暦のおかげで彼らは、みずからその血を引くという古代エジプト人の記憶をまもると同時に、占領者からある

↑ユダヤ教の祭儀──「ユダヤの教理問答書、それは暦だ」と19世紀末、ユダヤ教祭司サムソン・ラファエル・ヒルシュは書いている。経典宗教にとって暦は中枢的な役割を果たしている。そこに書き込まれた儀式によって、その宗教の創成物語が、毎年くり返され、継承されていくからだ。ユダヤ暦はユダヤ民族形成の歴史をくり返し、キリスト教会暦はキリストの生涯をたどる。ユダヤ人は聖なる時と俗なる時の区別を、法で厳密に規定した。そうすることによって、政治的統一性の欠如を祭儀の統一性で補おうとしたのである。

第4章　暦と政治と宗教

↑コプトの祭儀（エチオピア）——古代エジプトの継承者にふさわしく、コプト暦の1年はトトの月から始まる。トトは古代エジプト起源の死者の裁きを記録する神、書記と数学者を守る暦と暦算の神である。コプト暦から派生したアレクサンドリア暦からは、インドのゾロアスター教徒（パールシー）の暦やエチオピア暦も派生している。エチオピア暦はコプト暦と非常によく似ているが、独自の月名をもち、西暦7年8月29日を紀元年としている。

種の独立を保つことができた。ローマ時代にキリスト教化された彼らは、451年のカルケドン公会議で、キリストに神と人の両性を認めることを拒否し、公教会を離脱した。のちには、アラブの征服下で行われたイスラム化の動きに抵抗している。後3世紀に定められたコプト暦は、古代エジプトの暦とよく似ている。古い名前をもつ月（30日）が12ヶ月で1年をなし、年末には5日の余日がある。カエサルによる改革も取り入れられ、4年ごとに閏日を挿入することになっている。エジプト暦とユリウス暦を同時に用いているわけだが、キリスト教的な要素も入っている。コプト暦元年元日は西暦284年8月29日にあたるが、西暦284年というのは、かつてアレクサンドリアで暦算の起点として選ばれた年（ディオクレティアヌス紀元）なのだ。コプト暦は1700年の伝統をもち、少数派コプトの存在が許せない多数派イスラムに対する抵抗の根拠となっている。

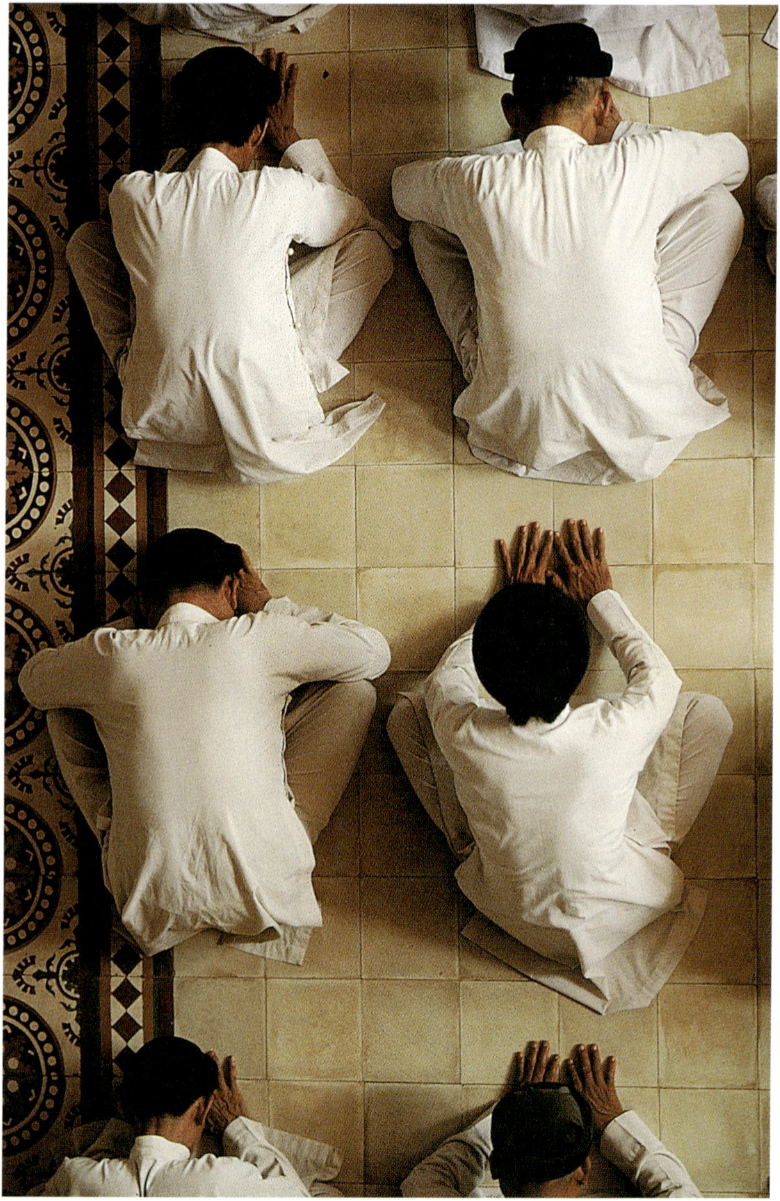

月を選んだムハンマド

　暦の相違点を（ときには取るに足らぬものであっても）強調すること、それは独立した共同体を作るのだという決意を表明することである。632年、死を目前に控えたムハンマドは、時の区分法に関して重大な決定を下した。それまでアラビア部族は太陰太陽暦を使っていたが、ムハンマドは閏月挿入の原則をしりぞけたのだ。そのような操作は神に喜ばれない、というのがその理由だった。彼は暦を変更が許されないものにし、地球のリズムと無関係なものにしようとした。月だけを唯一の指針としたのだ。

　こうしてムハンマドは、太陰暦の基礎を敷くことによってイスラム信徒のアイデンティティーを強化し、他のアラビア部族から引き離し、他の経典宗教（太陰太陽暦のユダヤ教と太陽暦のキリスト教）との違いを明確にした。この違いは、金曜日を神の日と定めることでいっそう強調された。キリスト教徒が安息日の翌日と決めていたので、ムハンマドは前日を選んだのである。

　違いを鮮明にしようという彼の決意は、一方で思わぬ結果をまねいた。太陰暦が農耕に使えないため、農民たちはキリ

⇦『閏月を非難するムハンマド』（14世紀）――ムハンマドはイスラム教を拒む人々を消去者と呼び、彼らを激しく非難しながら閏月を禁止した。「アラーにおいては、アラーの書物においては、月の数は彼が天地を創造された日から12と決まっている（……）閏月は消去行為をますますはびこらせる。消去者たちはそこで踏み迷い、ある年は閏月を禁じ、ある年はそれを聖別する。アラーから禁じられていることを守ろうとして、アラーの禁止を踏みにじっているのだ。彼らには自分たちの行為の悪が美しくみえているのだ」（コーラン第9章、36～37節）こうした説教によってムハンマドは、暦をめぐる権力争いを未然に防ごうとした。だがそのためにイスラム教は、祭りが特定の季節と結びつかない唯一の宗教となった。

⇦金曜日にモスクで祈るヴェトナムのイスラム教徒――ムハンマドは金曜日を聖なる日と定めるに当たり、創世記とユダヤ暦を引き合いに出した。金曜日は神が人間を創った6日目に当たるというのである。イスラム教徒にとって金曜日の最後の数時間は、特別な祈願の時となっている。

スト教暦を併用しはじめたのだ。マグレブ（アフリカ北西部）の農村暦はユリウス暦にかなり近く，次のような諺で構成されていた。いわく「2月は笑ったかと思うと，いきなり雪の袋を開ける」，あるいは「イチジクの葉がハツカネズミくらい長くなると，昼と夜の長さが同じになる」。

中国の暦

　古い暦にグレゴリオ暦を接木しても，常にうまくいくとは限らない。中国では，当局の奨励にもかかわらず，新しい暦はついに古い暦を追い出すことができなかった。西暦はあくまでも抽象的で（月には名前がなく，番号だけが付いている），役所や企業で使われる便宜的な道具にすぎない。民間では，集団生活に節目をつける旧来の暦が今でも使われている。これは太陰太陽暦で，12の朔望月と，19年7閏法（メトン周期）にしたがって挿入される閏月からなり，ユダヤ暦と同じくらい精緻なシステムをなしている。前104年の改暦以来，年始めの日は一度も変更されたことがなく，冬至後二度目の新月の日と決まっている。新年の祭りは，昔から他のどんな祭りよりも盛大に祝われ，2週間近く続く。他の重要な祭りは月と日の数字が一致する特別な日に行われる（たとえば5月5日は端午の節句）。

　当局の努力のかいもなく，伝統的な暦はしぶとく生き

↑卯年の版画

←中国のカレンダー（1996年）──中国の伝統的な暦年は12の朔望月からなるが，農民に便利なように，至点・分点を基準とした24節気にも分けられている。各節気の名前（啓蟄，立夏，白露，大寒など）は華北の農事暦に由来する。年は12年周期で循環し，それぞれの年には陽の野生動物6種と隠の家畜動物6種のいずれかが割り当てられている。干支による紀年法は西暦紀元後まもなく始まり，アジアの多くの国々で用いられた。

残った。これでわかるように、暦は政令で決まるものではなく、伝統との折り合いがつかないかぎり長続きしないのである。

↓ 獅子舞——2000年2月5日、辰年が始まった。中国では例年通り、年始めにはすべての経済活動が5日間にわたって停止した。他のいかなる祭りもこれほど盛大には祝われない。

暦の政治的役割

国はそれぞれ独自の暦をつくろうとする。まず会計年度、税政年度、学年度など、行政上の期間を定めなければならない。それから選挙の日取り、国会の会期、場合によっては記念式典の日取りといった政治日程を決める。だが何より大事なのは——おそらくこれが暦の機能の中で最も重要だと思われるが——国の祝祭日（政治的なものや、国民に広く認知された宗教的な祭日など）を定めることだ。1年のどの日を祝日とし休日とするかは、決してニュートラルな問題ではない。それを見れば、為政者たちが過去のどういう側面を集団記憶に留めようとしているか、国家をどのように捉えているかがわかるのだ。

たとえばイスラエルでは、国の最も重要な儀式は、建国の神話がしぜんに明らかになるように配置されている。その最初はニサン月の27日、ホロコースト（ナチスによるユダヤ人大量虐殺）が行われた日である。1週間後、ユダヤ人戦士の慰霊祭がおこなわれ、その翌日が独立記念日でイスラ

エル国民の祝日となっている。このように短期間に三つの記念日を畳みかけることによって、犠牲から戦いへ、そして勇敢な戦士によって勝ちとられた独立へという、明瞭な意味をもった流れが形づくられる。ここでは暦がはっきりと政治の道具になっている。

　フランスでは、現在定められている祝祭日の暦は、地層のようにいくつかの層が積み重なってできあがっている。最初の層はキリスト教に由来する。1802年、前年の政教和約（p.91）を受けて、いわゆる義務の祭日がリストアップされた。毎週日曜日、昇天祭、聖母被昇天祭、万聖節、クリスマスがそれである。1810年、これに1月1日が加わり、1886年には、さらに復活祭と聖霊降臨祭の代休（いずれも翌日の月曜日）が

⇩ノルマンディー上陸記念祭（1994年 6 月）――国家の儀式であり事業である記念式典は、過去を動員して現在に役立てる。ノルマンディー上陸50周年祭は成功だった。何よりイギリスとの絆が確認されたし、盛大なセレモニーも、事件が十分に遠のいて遺族の悲しみが和らいでいること、しかし元戦士の口から直接当時の話が聞けるほどには近いことを感じさせて効果的だった。

加わった。次の層には共和国フランスのイデオロギー的配慮があらわれている。1880年, 第3共和政府はフランス大革命を記念すべく, 国の祝日を制定しようと考えた。だがそれをいつにすればよいか。当時, 革命をめぐる論争の火種はまだまだ消えていなかった。ところが国の祝日の役目は, 国民を結束させ, 最大限の国民的合意をつくりだすことにある。このことをふまえると, 考えられるのは2, 3日しかなかったが, どれも最適とはいいがたかった。他国に対して攻撃的でなく, しかも革命的な性格を十分あらわしている条件を考えると, 最も妥当に思えたのは7月14日 (1789年。バスティーユ牢獄襲撃) である。これは他に良い候補がなかったからでもあるが, 1790年の同日にすでにこの事件を記念して連盟祭

私的なもの (誕生日や結婚記念日) にせよ公的なもの (記念行事) にせよ, 過去の出来事をそれが起きた記念日として思い出す行事は, 社会生活の中でますます重要になっている。19世紀末に出現した記念行事は, 今日爆発的にその数を増やしている。ピエール・ノラは言う。「かつて記念行事には, 国なり民族なりの歴史が凝縮して表現されていた。それはめったにない厳粛な時であり, 全員で原点に立ち戻って決意を新たにするための形式であり, (……) 過去から未来への通過点だった。だが今やそれは砕け散り, 社会全体に拡散した。個々の成員にとってそれは現在形で過去に手早くつながることができる導線のようなものである。だがその過去はとうに死に絶えているのだ。この導線はどこにでもあるが, どこにもないともいえる。どの出来事を記念すべきかについて昔のようにとやかくいわなくなったかわりに, 時代全体が記念行事と化しているからだ。」「過去はもはや未来を保証しない。だからこそ記念行事を次から次へとおこない, それを力として社会を動かすとともに, それによってかろうじて過去とのつながりを確かめるのだ。過去と未来に代わって, 現在と記念が手を結んだのである」

⇐ 労働総同盟(C.G.T.)のメーデーのポスター——祝日にはそれぞれ固有の行事がある。「労働者階級の胸が高鳴る」(モーリス・トレーズ)といわれたメーデーの行事の特徴は、闘争的でお祭り気分が濃いことだ。このポスターに描かれているようなデモ行進(1936年メーデーの行進はその後大規模となり、6月のゼネラル・ストライキの序曲となった)、歌、演説、それにフランスでは1907年以来定着したスズランを贈る風習。だがこれらの習慣は今日いくらか廃れてきた。メーデーだけではない。5月8日の第二次大戦の終戦記念日も、バスティーユ牢獄を襲撃した7月14日のフランス革命記念日も、11月11日の第一次大戦の休戦記念日も、人々の関心をひかなくなってきた。中でも革命記念日は、学年度の終わりと一致しなくなってからというもの、かつてのような盛り上がりが見られない。どの祝日も普通の休日と変わらなくなった。日曜日とキリスト教の祭日も、熱心な信者が激減したために神聖さが失われ、大半の人々にとっては単なる休日にすぎなくなっている。

が行われ、フランス国民を団結させた実績が大きくものをいったのだ。最近では世界大戦の終結を記念して二つの祝日が定められた。1922年に制定された11月11日(1918年同日、第1次大戦休戦協定)と、1951年に決められた5月8日(1945年同日、ドイツ降伏)だが、後者は1961年にいったん廃止され、1981年に復活した。当時の情勢に押されて制定されたことが明らかなこれら二つの祝日は、近い将来、たとえば「ヨ

ーロッパの日」というような他の記念日に取って代わられるかもしれない。

　最後の層は国際的・政治的な性格をもっている。5月1日（メーデー）は，宗教行事とも国家行事とも関係のない数少ない祝日として，1月1日とともに世界中に認められているが，その起源はアメリカの労働組合運動にあった。もともとアメリカ合衆国では，5月1日が労働契約の開始日になっていた。アメリカの労働組合は，1885年から88年までの3年間，この日にストライキを行って一日8時間労働を勝ちとったのである。これを社会主義インターナショナルが引き継ぎ，5月1日はほとんどすべての西洋諸国で一日8時間労働を象徴する日となった。そしてフランスでは1947年に，激しい社会的対立の中で祝日に制定されたのである。

社会生活の基盤

　暦を地層にたとえることは，あながち間違ってはいないだろう。暦も地盤と同じく土台を形成する。つまり，集団生活の基盤を提供する。またそれは地盤と同じく，過去から受け継いだものでできている。そこには途中で外部から混じり込んだものや，積み上げられたものもあれば，時の計測の一律化や脱宗教化といった，深部の力の作用を受けて変質したものもある。また，断固たる政治的意志によって掘り返され，ひっくり返され，利用されることもあれば，正確さが求められて，新しい要素を取り込むこともある。だが，その結果できあがったものはつねに，それ自体長い歴史の所産であるその土地その土地の基層によって異なっているのである。

↓ハロウィンのかぼちゃ——20世紀には新しいタイプの祝日があらわれた。母の日，バレンタインデー，ハロウィン……。（母の日はフランスでは1941年にヴィシー政権下で制定された。半世紀前にアメリカで始まっていた母の日を取り入れたのである）。これらは単に商業主義的な行事ではない。夫婦や家族を美化し，現代社会の要請に応えている。ハロウィンは死者の祭りではあるが，子どもの祭りというあいまいな形をとっている。

（次頁）時の車輪（砦の装飾デザイン。15世紀。インド）

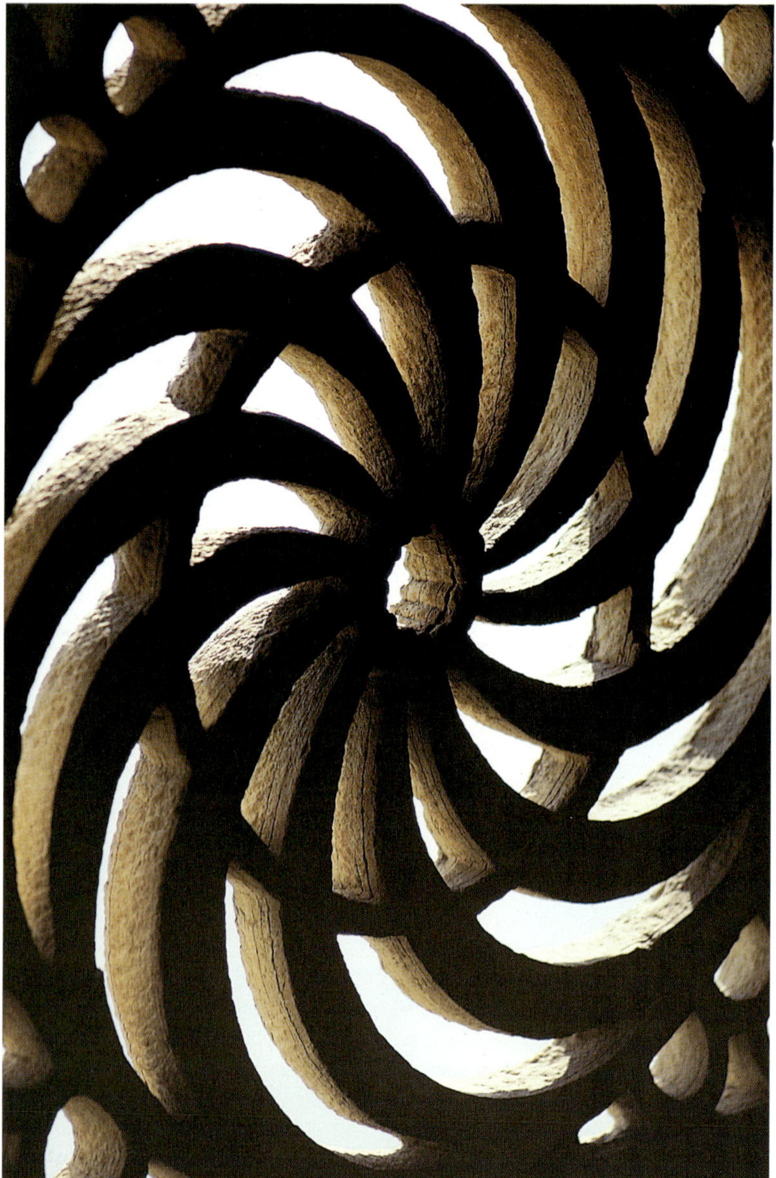

資料篇

時のものさしの物語

1 暮らしと暦

暦は時を表示する道具であると同時に，社会生活を営むための道具でもある。一方は時の計測システムとしての暦，もう一方は，暮らしと密接に結びついた経験的な暦である。ここでは，時への関心が何よりも農業や祭りと結びついていた頃，人々が何をたよりにどのように時とかかわっていたか，迷信とないまぜになったそのありさまを見てみよう。

星のおしえ

古代，農民や船乗りたちは星の変化を目安に仕事の時期を見はからっていた。

太陽が一巡したあと(*1)，ゼウスが60日間の冬を完成させると，アルクトゥロス(*2)がオケアノス(*3)の聖なる流れを去り，闇の中から燦然と昇ってくる。するとパンディオンの娘で，鳴き声の鋭いツバメ(*4)が，光にむかって飛び立つ。新しい春が人間のために生まれたのだ。そうなる前に，おまえの葡萄の木を剪定せよ。ちょうどよいころあいだ。

だが蝸牛が昴星を避けて，地を離れ，木にはいのぼるころになったら，もはや葡萄畑を掘り返しているときではない。鎌を研ぎ，下男どもを起こせ。太陽が肌を焼く小麦の刈り入れ時には，日陰で昼寝をしたり，明け方まで眠り呆けたりしてはならぬ。急げ。たしかな人生を望むなら，暗いうちから収穫物をおまえの家に運べ。（……）

そしてオリオンとシリウスが中天に達し，ばら色の指をした曙にアルクトゥロスが見えるようになったら，そうしたらペルセス(*5)よ，葡萄の房を残らず摘みとって家へ運べ。10日10晩陽にさらし，5日のあいだ陰に置け。6日目にしぼり，喜びあふれるディオニュソスの恵みを甕にそそげ。さいごに，昴星と雨星と勇者オリオンが沈んだら，種まきのことを思い出せ。ちょうどよい季節

だ。願わくは地中の種がその運命に従わんことを。

（＊１）冬至の後という意味
（＊２）牛飼い座の主星
（＊３）大地を囲んでいると考えられていた大河の名前。星々はこの河に沈んだのちふたたび空に昇ってくると言われていた。
（＊４）パンディオンはアテナイの伝説的な王。プロクネという名の娘がツバメに変身したと言われている。
（＊５）ヘシオドスの弟の名。『労働と日々』は，この弟に向かって勤労の尊さと農業の心得を説いた教訓詩である。

　　　　　　ヘシオドス『労働と日々』

古代ローマの祭祀

　オウィディウスは五月に行われていた古代ローマの祭祀を次のように説明している。

「明日はノナエ［p.47］の日が光る」というのは，サソリ座が半分しか見えないときだ。
　そして夕べ（ヘスペロス）がその美しい顔を見せ，敗れた星々が太陽神（フォエブス）に三度道をゆずったら，古いしきたりにしたがって死霊（レムレス）の夜祭りを祝い，もの言わぬ祖霊（マネス）に捧げものをすることになっている。かつて１年は今より短く，２月のお浄めはまだ知られていなかった。そして双面神ヤヌスよ，おまえはまだ月々の先頭に立っていなかった［ローマの古い暦では，１年は１月ではなく３月に始まっていた］。それでも死者の灰にはしかるべき供物が寄せられ，孫は祖先の墓に贖罪の生贄（にえ）を捧げていた。それは五月（マイウス）におこなわれていた。五月という名は先祖（マイオレス）に由来する。今でもこの月には，古いしきたりが名残（なごり）をとどめている。夜がその歩みの最中に，眠りに都合のよい静寂をもたらし，犬たちが沈黙し，それからおまえたち，色とりどりの鳥も沈黙しているとき，神々を畏れ古いしきたりを守る男は起きあがり（足には何もはいていない），亡霊が音を立てずにやってきて自分を連れ去ることのないよう，合わせた指の中で親指を動かして呪い（まじな）の合図をする。それから流水で手を浄めたのち，男はふりかえる。だがその前に黒いソラマメをつかみ，目をそむけながら投げつける。投げながら男は言う。「ソラマメを投げますぞ。これで私はゆるされる。私も，家族も」。これを，後ろをふり向かずに９回つづけて言う。亡霊はソラマメを集め，姿は見えないが男についてくるそうだ。男は別のみそぎにとりかかり〔イタリア南端の町〕テメサ産の鐘を打ち鳴らして，亡霊に家から出ていくようたのむ。「ご先祖の霊よ，出ていってくだされ」と９回言って後ろをふりかえれば，しきたりは無事にすんだと考えられる。（……）
　寡婦や乙女の場合，五月は婚礼のたいま

つを燃やすのに良い季節ではない。このころ結婚する女は長生きできないからだ。よく「五月には性悪女が結婚する」というが、俗諺が正しいとして、そんなことをいうのも五月が結婚に適さないからだ。

オウィディウス『吉日』

指針としての諺

諺や言い伝えは時の秩序をおしえ、暮らしにリズムをあたえてくれる。フランスの農民たちは、聖人の日を織り込んだ諺によって、季節感や農事をあらわしていた。諺はすべて韻を踏んでいたので楽に覚えることができた。1582年のグレゴリオ改暦後は、新しい暦に合わせてそれらの文句を変えようという動きが盛んになったが、ついに成功しなかった。

ルチアさまの日は蚤一跳び分日が伸びる。
トマスさまの日は、背高トカゲの一跳び分、
クリスマスには、鶩鳥のオスの一歩分、
年の始めは、畑の牛の一歩分、
王さまの日は、メスの鶩鳥の一歩分、
ヒラリウスさまは、羊飼い娘の一時間、
アントニウスさまは、修道僧の飯時間、
ウィンケンティウスさまは長い長い一時間、
フランチェスコさまは、鶩鳥の脚の長さ分、
ろうそくの日は、2時間足らず、
バルナバさまは、まぬけなロバの一跳び分。

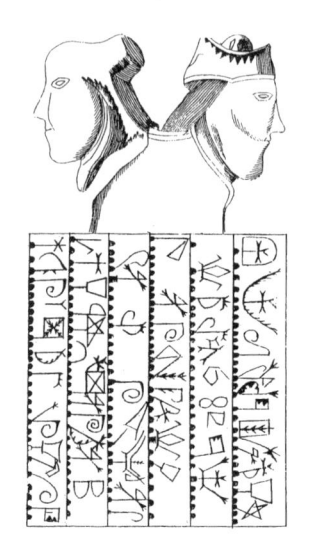

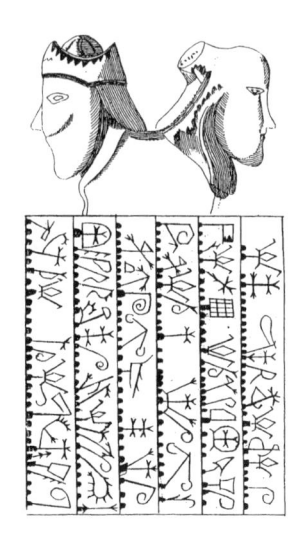

⇧コエディックの暦。1732年に発見されたこの暦は、聖人や典礼をシンボルであらわしていた。

（＊）聖ルチアの日は12月13日。聖トマスの日は12月21日。王様の日とは公現祭のことで1月6日。聖ヒラリウスの日は1月13日。聖アントニウスの日は1月17日。聖ウィンケンティウスの日は1月22日。聖フランチェスコの日は1月24日。ろうそくの日とはマリア聖燭節のことで2月2日。聖バルナバの日は6月11日。

もしも2月の2日目に，
お日様すっかり顔出せば，
クマは光に驚いて，あわてて穴へ舞い戻り，
節約を知る男なら，まぐさの縄を締め直す。
なぜなら冬はクマ同様，
あと40日は動かない。

4月，いくつか巣ができて
5月，すっかりできあがり，
6月，あたりは巣でいっぱい，
7月，取られてなくなった。

十字架の日にマメまけば
自分の分しか刈り取れぬ。
ジャングールさまの日にまけば，
たくさん収穫できるだろう。
デシデリウスさまの日にまけば，
マメ一粒が千粒に。

（＊）マメはインゲン豆。聖十字架の日は5月3日。聖ジャングールの日は5月11日。聖デシデリウスの日は5月23日。

メダルドゥスさまに雨ふれば，
40日間降りつづく，
バルナバさまがパン櫃に，
パンを戻してくれなけりゃ(＊)。
バルナバさまに雨ふれば，
ゲルヴァシウスさままでふりつづき，
そこで水門しまるだろう。

（＊）聖バルナバの日（6月11日）に晴れれば，聖メダルドゥスの日（6月8日）以来降っていた雨は止むという言い伝えがある。聖ゲルヴァシウスの日は6月19日。

レオデガリウスさまの日は種まくな，
軽すぎる麦がいやならば。
フランチェスコさまの日にまけば，
ずっしり重い実がみのる。
でもブルーノさままでまつと，
おまえの麦は黒くなる。

（＊）聖レオデガリウスの日は10月2日，フランス語読みでは「レジェ」（軽い）となる。聖フランチェスコの日は10月4日，聖ブルーノの日は10月6日。

冬がまっすぐ来るならば，
マルティヌスさまに着くだろう。
ちょこっと足踏みしたならば，
クレメンティウスさまに着くだろう。
通せん坊をされたなら，
アンデレさまに着くだろう。
けれど行方知れずなら，

↑羊飼いの暦。フランスでもっともよく知られたこの暦書は1491年に初めて印刷された。

その後3世紀の間に4回改訂されたが，月々の絵の内容は一度も変更されなかったため，人々の間に農民の暮らしとはこういうものだという決まりきった見方が定着した。

4月か5月に冬が来る。

（＊）聖マルティヌスの日は11月11日，聖クレメンティウスの日は11月23日，聖アンデレの日は11月30日。

『諺と言い伝え』
ディクシオネール・ル・ロベール

16世紀の時の感覚

歴史家リュシアン・フェーヴルによると，16世紀の人々は計測時間より経験時間のなかで暮らしていたという。

というわけで，どちらを向いても当て推量ばかり，何ともあやふやで，いいかげんなものだった。自分の齢(とし)も知らない人々のすることだ。この時代の歴史的人物で，推定生年月日が3つも4つもある人はいくらでもいる。しかもそれらが時には4年も5年も離れているのだ。エラスムスはいつ生まれたか。そんなことは知っちゃいない。知っているのはただそれが聖シモンと聖ユダの日の前日ということだけだ。

ルフェーヴル・デタープルが生まれたのは何年か。推論しようにも元の情報があいまいだ。ラブレーは何年か。知らない。ではルターは？　自信がない。だが月，つまり1年の中の月なら——といってもその一年がそもそもいい加減で，春分の日が3月の21日から11日にずれたりしていたが——月ならたいていの人が知っていた。家族は，両親は，こんなふうにおぼえている。うちのチビが生まれたなぁ，草刈りのころだった，麦刈りのころだった，葡萄刈りのころだった，と。あんときゃ雪が積もってた，麦の穂が出るころで，「麦からくきが出て，もう伸び始めるころ」だった，と。農事と結びついた正確な記憶。ジャン・カルヴァンなみだ。こうして家族の伝承ができあがる。フランソワは11月27日に生まれた，ジャンヌは1月12日に生まれた。いやぁ寒かったよ，あの子を抱っこして洗礼盤に差し出したときゃ！

生まれ月ばかりか，時刻が分かっていることも多い。少なくともグベルヴィル殿〔詳細な日誌を残したノルマンディーの農村領主〕のおっしゃるように，だいたい何時「あたり」だったかは分かっている。母親というものはそういうことは忘れないのだ。だがそれが千何百何十何年だったかということになると，抽象的すぎて普通の人の関心領域に入ってこないのである。

リュシアン・フェーヴル
『16世紀における無信仰の問題——
ラブレーの宗教——』
アルバン・ミシェル社，1968年

改暦の実状

グレゴリオ改暦は庶民の生活を変えただろうか。モンテーニュ(1533〜1592年)の答えは否である。

フランスで1年が10日短縮されたのは2，3年前のことである。この改革によって，それはもう大変な変化が生じるはずだった。まさに天と地をいっぺんに揺り動かすような大事業だったのである。ところが蓋をあけてみると，元の場所から動いたものなど何もありはしない。私の隣人たちは，種まきや刈り入れの時期，取引のタイミング，凶日と吉日などを，これまでとまったく同じように心得ている。以前も習慣にまちがいは感じられなかったし，今も改暦が行われたとは感じられない。それほど不確実なことはいたるところにあり，それほどわれわれの知覚はおおざっぱで，ぼんやりして，にぶいのである。世間の人は，この改革がもう少し不便をともなわずにできたはずだという。つまり，アウグストゥスにならって，どっちみち邪魔で厄介な閏日を，何年かにわたって差し引いていき，これまでの負債にちょうど達したところでやめればいいというのだ（この負債を帳消しにすることは今回の改暦でもできず，未払い分がまだ何日か残っている）。そうすれば，同じ方法で未来に備えることができ，何年かごとに閏日を消すよう命じておけば，計算間違いが24時間を超えることはもうあるまいに，というのである。

ミシェル・ド・モンテーニュ
『随想録』第3巻

農民の1年

1850年ごろ，ペリゴール地方の農民がいとなむ折々の暮らしは，昔とほとんど変わりがなかった。

ふだんの日ぁ，毎日力いっぺぇ働いて，がつがつ食って，死んだようんなって眠ってた。日曜日ぁ，ミサのあと，村ん若ぇ衆で九柱戯したり，コルク倒し（おらたちゃティーブルと呼んでた）したり，決戦勝負したりした。冬ぁ，家ん中でクルミの殻わりだ。終わったらめいめいラ・グランディーの風車へ行って，油を搾ってもらう。夜の集まりもあった。近所ん人を手伝ってスペイン麦の殻をむいたり，次の日に食べる栗の皮をむいたりする。その間，女ぁ縫い物，年寄りゃ昔語りだ。それからクリスマスの15日前んなると，おらたち若ぇ衆でルチアさまを鳴らしに行ったもんだ。ルチアさまってなぁ鐘のことだ。そりゃ鐘を揺らすときゃよーく気をつけたさ！

シルウェステルさまの日ぁ［12月31日］，村々をまわってギヨニアウ（新年おめでとう）を歌う。フランス語にするとこんな感じさね。

パリにいたとさご婦人が
金持ち旦那にめとられた…
新年のヤドリギ(*)たのみます
年の終わりの日のために

それから大抵は若ぇ娘のいる家へ入って，新年の贈り物にキスをねだったもんだ。[……]

夏ぁそんなことして遊んでる暇ぁねえ。働いて，食って，寝るだけさ。それも，寝るなぁいいが，寝坊はこまる。干草や麦を刈るときゃ，夜中の3時に起きにゃならん。おまけに，刈ったあとも雨が降りそうなら干草や麦を納屋に運ぶんだが，やっと終わったら夜の九時だったなんて事ぁざらにあった。仕事を休むなぁ日曜と，それからクリスマスとか，八月の聖母さまの日［被昇天の祝日。8月15日］とか，万聖節とかの祭りの日だけだった。

この万聖節だが，こいつぁ死者の日の前日で，家によっちゃぁ，といっても別に悪い家じゃないが，ずいぶんと変わった古いしきたりがあった。

晩に家族で飯を食いながら，死んだ親戚のことをしゃべるんだ。どんなところが良かったか，えらかったか。それから悪かったところもな。もっと変わってるなぁ，ご先祖さまの健康を祝ってみんなで乾杯することだ。料理ぁたしか9種類だった。スープやら，粥(かゆ)やら，煮込み肉やら，蒸し肉やら，煮豆やら，肉入りパイやら，肉のソテーやら，いろいろだ。

飯がすむと，テーブルの上の肉やら食い残しやらを，死んだご先祖さまのために置いといて，そんでも足りなきゃパンと葡萄酒を持ってきた。

そのあとぁ火をぽんぽん焚いて，暖炉を囲んでまぁるく椅子をならべる。それから家の者ぁ引っ込んで死人に場所を譲るんだが，その前にご先祖さまのためにお祈りを唱えるんだ。

ボナル神父ぁ，こういうこと全部をどうも迷信くせぇとおっしゃってたが，お祈りぁするし，ご先祖さまを大切に思ってすることだからと，大目に見てくれた。

ほかの祭りといゃあ，おらたちの小教区の村祭りがあって，これぁ8月24日だったが，他にもバールとか，オーリアックとか，トナックとか，近くの小教区で祭りがあるときゃ必ず出かけていったもんだ。でも何が何でも出かけたなぁモンティニャックの祭りだ。11月25日，カテリナさまの大市の日だった。これだけぁどうしても逃すわけにゃいかなかった。この日，村に残ってたなぁ，神父さまと，エルミーヌ嬢さまと，ラ・ラメーさま，それから火のそばを離れらんねぇ年よりと，赤んぼだけだった。

（＊）常緑のヤドリギを神聖視していたケルト時代の名残で，新年，家にヤドリギを飾る習慣があった。「新年おめでとう」を意味するギ・ラン・ヌフ（gui-l'an-neuf）の「ギ」はヤドリギの意。

ウジェーヌ・ル・ロワ（1837〜1907年）『百姓ジャック』（1899年）

口伝の菜園暦

1970年代，ブルゴーニュ地方のミノ

一に伝わっていた菜園暦では、月の満ち欠けと聖人の日が指標になっていた。

3月の月、つまり3月最後の新月から満ちていく月は、ちょうどそのころに吹く冷たくて乾いた風のように、冷たくて悪い。1ヶ月後の赤い月もそうだが、この月には用心した方がいい。この最初の悪い月がすぎたら、春の種まきを始める。休まず蒔いて4月の赤い月、4月最後の新月になったらやめる。赤い月のときに種を蒔いても芽が出ないといわれているのだ。……反対に、聖ラウレンティウスの「後光」にたとえられる8月の月は、恵み深く植えつけに都合がよい。この善い月のもとで秋の種まきを始め、急いで雑草やイバラを刈る。このとき刈っておけばもう生えてくることはない。

良いにしろ悪いにしろこれら特別な月のほかに、季節を通じて見られる月の満ち欠けが耕作に影響をあたえる。

種まきや移植は、野菜のタイプによって、新月期、つまり月が満ちていく期間に行われる場合と、古月期、つまり月が欠けていく期間に行われる場合とがある。新月期の月は作物の丈を伸ばし、すべての地上に生えるものを殖やすといわれるのに対し、古月期の月は地下の生命を養い、地をはう作物を太らせるといわれる。「新月期には、すべてが花咲き、種実る。古月期には、すべてが肥え太る。新月期には、上に伸びるものを植える、小さな種を植える。グリンピースの鞘は大きくなり、インゲン豆も。……ほうれん草、にんじん、じゃがいもは、古月期に植えないと一年中花が咲く。このとき植えればサラダ菜、キャベツはかたく巻き、たまねぎは丸くなる。……もし新月期に植えたりすれば、まっすぐ伸びて丸くならない」。

このように月の満ち欠けによって、野菜は大きく二つのカテゴリーに分けられる。ひとつは地上植物、もうひとつは地下植物と匍匐植物である。宗教暦の聖人たちはそれぞれ特定の野菜を守るといわれている。「2月5日のアガタさまには、春のサラダ菜の種をまけ。肉の火曜は、パセリを植えろ。5月3日の十字架の日は、インゲン豆を植えるべし。祈願祭でもどっさり実るが、5月31日の、ペトロニッラさまに植えたなら、豆一粒が千粒に。メダルドゥスさまに植えたなら、百万粒になるだろが、バルナバさまに植えたなら、また千粒に逆戻り……」

このように菜園暦では、諺のように同じ文句が何度もくりかえされ、畑仕事の指標となるとともに、物覚えのよくない我らが農夫や農婦の記憶のよすがともなっている。

F.ゾナバン

『遠い記憶　村の時と歴史』1980年

郵便局のカレンダー

郵便局発行のカレンダーは1854年に出現した。厚紙に印刷され、県ごとに異なる付

録冊子が付いていて，さまざまな実用知識が載っていた（市の立つ日，地区郵便局の住所など）。このカレンダーはしばしば政府のプロパガンダに利用され，暦が権力の産物であり道具であることを如実に示した。今日，郵便局のカレンダーは自然の時に最も近くなっている。すなわちそこには月の満ち欠けが示され，毎日の日の出と日の入りの時刻が記されているのである。

ジャクリーヌ・ド・ブルゴワン

1941年から1944年まで，郵便局のカレンダーはまさしくヴィシー政府の政治的シンボルだった。

2 時を変える

フランス革命暦を皮切りに,時の区分法を変えようという試みが一種の流行となった。オーギュスト・コントの暦,ソヴィエト連邦の暦……。これらの暦はすべて,まったく新しい基盤の上に社会を再建しようという目的のもとに作られた。

共和暦賛歌

歴史家ジュール・ミシュレ(1798〜1874年)は共和暦を熱烈に誉め称えている。

共和国1周年を2日後に控えた[1793年]9月20日,共和暦の案がロンムによって国民公会で読み上げられ,10月5日に可決された。人類は世界で初めて,真の時の尺度を手に入れたのである。

この暦には,ロンムのストイックな天分,純粋理性に対する彼の厳格な信仰があらわれている。そこには聖人の名もなければ,英雄の名もなく,偶像崇拝につながるようなものは何一つない。月々の名称は,正義,平等といった永遠の理念である。ただし2ヶ月だけは,その月に起きた至高の事件の名がつけられていた。つまり,6月が「球戯場の誓い」,7月が「バスティーユ」となっていたのである。

それ以外は数詞しかない。ふつうの日も,旬日も,番号でしか呼ばれない。日によって仕事や務めの量が変わることもなく,平等な日々がただ連綿と続くのみである。こうして時は永遠のように不変なものとなった。

新しい暦はかくも厳格だったが,それにもかかわらず人々はこれを好意的に受け入れた。真実に飢え渇いていたのだ。これを機に,北部全県を集めた盛大な祭典,天文学と数学の祭典が10月10日,アラスで開か

れた。そこでは天が地によって模倣された。つまり、天の時の移り変わりが、この地上の20万を超える人々によって壮大に演じられのだ。

しかもこうしたことすべてが、フランスを解放した戦いの6日前、敵の面前で、おごそかな期待のうちに行われたのだった。……偶像崇拝国ベルギーの前で、われわれ

↑フランス革命暦のカレンダー（彩色版画）。入念な演出のなかに共和派の教育的配慮が見える。

に偽の神々をもたらした野蛮な軍隊の前で，共和国フランスは，その純粋さ，強さ，平静さを示しつつ，神聖な時の移り変わりを演じ，地球の歴史始まって以来最も偉大な新時代の幕開けを祝ったのだ。

　20万の人々は年齢によって12のグループに分かれ，12の月をあらわしていた。行進する彼らの顔に1年の推移が見てとれた。希望に満ちた若い笑顔，成熟した重々しい顔，そしてさいごは休息を切望する顔。80歳を超えた人生の勝者たちは，神聖な小グループをなして，共和暦の1年を閉じる付加日をあらわしていた。4年ごとに付加される閏日は，天蓋の下を歩む100歳を超えた長老によってあらわされていた。曲がった体を杖で支えた老人たちの後ろからは，小さな子どもたちがよちよちとついてきた。まるで若い年が古い年のあとに続くように。まるで新しい世代が死ゆく世代に取って代わるように。

　祭典の花は乙女の群だった。乙女らが掲げる横断幕には次のような標語が書かれていたが，間近に迫る危険の中で，その文句はことさら見る者の胸を打った。「彼らは勝つでしょう。彼らの帰りを待っています」。彼らとは恋人のことだろうか，それとも兄弟だろうか。乙女らの横断幕にそれは書かれていなかった。

　人間の生活を支えるあらゆる職業の人々が，自由の樹にふれて仕事の道具を聖別した。

　例の100歳の老人が憲法を手に取り，頭上高く差し上げた。まわりでは他の老人たちが，自由の樹の根もとにすわって食事をとった。娘たちと若者たちが給仕をした。民衆は輪になり，その神聖なテーブルを冠のように取り囲んで，親も子も互いに祝福しあった。

　いかにも厳格なこの暦，限りなく純粋なこの祭典，そこではすべてが理性と真心に捧げられ，空想の入り込む余地などどこにもなかったが，いったいこの暦や祭典は，あの古くていびつなに暦書(アルマナック)に取って代わることができるのか――あれやこれやの聖人がごたごたと並び，確固たる根拠もない祭りがひしめき，ラエタールだの，オキュリだの，カジモド(*)だのといった，人々が意味も分からずに口にしている妙な言葉で一杯の，あのいびつな魔術の本に……。これについて国民公会は，一般民衆には何かもっと具体的なものを与えるべきだと考えた。ロンムの科学的な基礎は可決されたが，［月や日の］名は変えられることになった。才人ファーブル・デクランティーヌは，1783年という平和な時代に書いた文章の中で，正しい暦のアイデアをあたえていたが(『季節の博物誌』)，そこでは1年のさまざまな特徴が，自然そのものによって名づけられていた。つまり，花や果実といった愛らしい言葉で呼ばれたり，万物の母である自然がもたらす恵み深い気象の名で呼ばれたりしていた。日々には作物の名前がつけられ，全体で農民のための耕作便覧のようなものをなしていた。農民の暮らしは日々自然と

結びついている。かつてフランスがそうだったように農業で暮らしを立てている国民に、これほどふさわしい暦があろうか。天気や作物から採られた月の名称は、幸福感にあふれ、生彩に富み、いかにも美しい調べをもっていたので、たちまち人々の心をとらえて離さなかった。今日それはわれわれの共有財産であり、永遠の命をもった創造物として、未来永劫にわたって革命の息吹を伝えている。その響きに心震えぬ者がいるだろうか。不幸にもファーブルは、自分が名づけた暦を四ヶ月と生きることができず、雨月(プリュヴィオーズ)に捕らえられ、芽月(ジェルミナル)にダントンとともに処刑された（その死はあまりにも残酷な形で熱月(テルミドール)に復讐されたが……）。だが彼は、自然に耳を傾け、季節の歌を聴きとった唯一の人間として、われわれの中でいつまでも生き続けるに違いない。

この改暦の影響力はとてつもなく大きかった。それはほとんど宗教を変えるのと同じ意味あいをもっていた。

暦書は、思慮の浅い人々が思っている以上に重要である。共和暦と教会暦の戦いは、計算と自然に支えられた永遠の現在と、過去、つまり因習との戦いだった。

過去の人間をこれほど苛立(いらだ)たせたものはなかった。ある日、グレゴワール司教が怒ってロンムにこう言った。「そんな暦、何の役に立つんです」。ロンムは冷たく言い放った。「主日(にちようび)をなくすのに役立ちます」。グレゴワール司教によれば、フランスのすべての教会は、主日(にちようび)から第10日(デカディ)への移行をくい

↑ フランス革命暦のカレンダー。5のつく日には動物の名前、旬日には農具の名前、それ以外の日には、ちょうどその頃に花が咲く植物の名前がつけられた。ただし冬枯れの雪月だけは、植物の代わりに鉱物の名前がつけられた。（上図は春と夏の暦。たとえば最左列の芽月では、1日から順に、桜草、プラタナス、アスパラガス、チューリップ、雌鳥…と並んでいる。）

↑霜月のカレンダー（彩色版画）。

とめるために、大変な犠牲を払ったという。

　ミラボーは時々予言者めいた科白を吐いたものだが、その彼がこんなことを言っていた。「何かをやり遂げたいならまず革命を非キリスト教化することだ」と。

　　　　ジュール・ミシュレ『フランス革命史』

（＊）ラエタールは四旬節の第4主日、オキュリは四旬節の第3主日、カジモドは復活祭後初の日曜日。

根絶できない主日

　革命家たちの努力もむなしく、グレゴリオ暦はしぶとくその地位を保ち続け、第10日はついに日曜日を追放することができなかった。

　[革命家にとって]一番こたえた失敗は（というのはそれがつねに彼らについてまわったから）、日曜日と第10日がどこまでもくっきりと明暗を分けていることだった。日曜日とは、何よりもまず衣装——晴れ着や美しい帽子といった、人に見せるための衣装をつける日だった。ところが第10日には、警視に出頭を命じられる「不潔な服を着た」市民が跡を絶たず、たとえばアルプ＝マリティーム県では「市民ドゥロードの長男」が、第10日というのに「ふだんの仕事着を着て、仕事の道具一式を積んだロバを引いていた」かどで取り調べを受けた。日曜日、それは憩いの日でもあった（「この日は誰もがひたすら無為に過ごそうとし、少しでも仕事をするとすぐに罵声が飛んでくる」とカルヴァドスの警視は証言している）。ところが第10日は、働けるものなら働きたいのにそれができない者、その勇気がない者の不平不満、働いても罰せられなかった者に対する恨みつらみが渦巻いていた。日曜日、それはかつて教会だった場所へ、司祭がいようがいまいが、ともかく足を運ぶことだった。そして鬱陶しい第10日とは反対に、日曜日とは皆が大っぴらに遊べる日、輪投

CALENDRIER POSITIVISTE
POUR UNE ANNÉE QUELCONQUE,
ou
TABLEAU CONCRET DE LA PRÉPARATION HUMAINE.

		ONZIÈME MOIS **DESCARTES** LA PHILOSOPHIE MODERNE	DOUZIÈME MOIS **FRÉDÉRIC** LA POLITIQUE MODERNE
Lundi..	1	Albert le Grand. *Jean de Salisbury.*	Marie de Molina.
Mardi..	2	Roger Bacon ..... *Raymond Lulle.*	Côme de Médicis l'Ancien.
Mercredi	3	Saint Bonaventure ...... *Joachim.*	Philippe de Comines . *Guicciardini.*
Jeudi...	4	Ramus ..... *Le cardinal de Cusa.*	Isabelle de Castille.
Vendredi	5	Montaigne. .... *Érasme.*	Charles-Quint ...... *Sixte-Quint.*
Samedi .	6	Campanella .... *Morus.*	Henri IV.
DIM. ...	7	**SAINT THOMAS d'Aquin.**	**LOUIS XI.**
	8	Hobbes .... *Spinoza.*	Coligny .... *L'Hôpital.*
	9	Pascal .... *Giordano Bruno.*	Barneveldt.
	10	Locke .... *Malebranche.*	Gustave-Adolphe.
	11	Vauvenargues .. *Mme de Lambert.*	De Witt.
	12	Diderot .... *Tracy.*	Ruyter.
	13	Cabanis .... *Georges Leroy.*	Guillaume III.
	14	**Le Chancelier BACON.**	**GUILLAUME le Taciturne.**
	15	Grotius .... *Cujas.*	Ximenès.
	16	Fontenelle .... *Maupertuis.*	Sully .... *Oxenstiern.*
	17	Vico .... *Herder.*	Colbert .... *Louis XIV.*
	18	Fréret .... *Winckelmann.*	Walpole .... *Mazarin.*
	19	Montesquieu .... *d'Aguesseau.*	D'Aranda .... *Pombal.*
	20	Buffon .... *Oken.*	Turgot .... *Campomanes.*
	21	**LEIBNIZ.**	**RICHELIEU.**
Maridi..	22	Robertson .... *Gibbon.*	Sidney .... *Lambert.*
Patridi..	23	Adam Smith .... *Dunoyer.*	Franklin.
Filidi...	24	Kant .... *Fichte.*	Washington .... *Kosciusko.*
Fratridi	25	Condorcet .... *Ferguson.*	Jefferson.
Domidi	26	Joseph de Maistre .... *Bonald.*	Bolivar .... *Toussaint-Louverture.*
Matridi .	27	Hegel .... *Sophie Germain.*	Francia.
H U M A - NIDI.	28	**HUME.**	**CROMWELL.**

げ，ポーム[テニスの前身]，ペタンク，ぶらんこ，そしてダンスの日だった。ダンスが司祭ににらまれているのは以前と同じだったが，その効き目がないのも以前と同じだった。若者はダンスの禁止を既得権への侵害のように感じ，どんなに法律で禁じられようとも，自分たちは踊りたいときに踊るのだということを改めて見せつけた。

注：日曜日と第10日（デカディ）の違いを物語るエピソードには事欠かないが，ここにほんの一例を挙げる。革命暦7年，シャトールーの警視が市当局に宛てて書いた報告書の一部である。

「休みが守られるのはかつての日曜日と旧暦の祭日だけで，そういうときはあらゆる工房が内も外も厳重に閉められる。遊歩道，カフェ，玉突場，居酒屋など，公共の場所はごった返し，大通りにはいくつも人だかりができ，条例を無視してペタンクの競技が行われている」。

「逆に，第10日（デカディ）には，仕立屋や靴屋などの職人は店を閉め，家の中で働いている。商人も家の中で仕事をし，製造業者も公道から見えない所に工房があることが多いのでそれを開けている。もっぱら野外で行われる農耕，壁塗り，建築，糸つむぎなども少しも中断されることがない。法律に背く者を匿（かくま）い，私の目を欺（あざむ）こうという一種の密約ができあがっている。違反者は前もって市民から私がやって来る時期を知らされているので，こちらが気づく前に早々と姿を消し，行ってみると道具だけがその場に残っていることも多い……」。

モナ・オズーフ
『革命祭典』

ソヴィエトの暦

1918年，ソヴィエト政府は，ユリウス暦を廃してグレゴリオ暦に改めた。1929年，再び改暦が行われたが，それはフランス革命にヒントを得たもので，1ヶ月を30日として1年を12ヶ月に分け，最後に5日または6日の付加日を加えていた。各月は「ネプレルィフカ（切れ目なし）」と呼ばれる5日単位の週で6等分されていた。週日の名称は変わらなかったが，土曜日と日曜日は削除され，過去の遺物となった。改革の根底には次の二つの目的があった。ひとつは，切れ目のない生産周期を制度化することによって工業生産の効率を最大にすること，もうひとつは，日曜日を削除することによって日常生活を非キリスト教化することで

⇦実証主義カレンダー。オーギュスト・コントが考えたこの暦では1年が13ヶ月からなり，各月には守護聖人ならぬ守護偉人が年代順に割り当てられている。第1月から順にモーセ，ホメロス，アリストテレス，アルキメデス，聖パウロ，カール大帝，ダンテ，グーテンベルク，シェイクスピア，……と続き，第11月，第12月は右表のとおり，デカルト，フリードリヒ大王となっている。第11月にはロジャー・ベーコン，モンテーニュ，トマス・アクィナスらの名が並び，第12月にはフランクリン，ワシントン，ジェファーソンらの名が並んでいる。

ある。工員や事務員は5つのグループに分けられ、交代で休みをとりながら5日に4日の割合で働いた。ところがその結果、人々の家庭生活と社会生活は惨憺たるものとなった。たしかにソヴィエトの労働者は西欧の労働者より休日の数は多かったが、一斉の休日でなかったために、集団生活が成り立たなくなってしまったのだ。この暦は2年後の1931年に廃止され、代わりに「シェスティドニェフカ（6日間）」と呼ばれる6日単位の週で各月が5等分されることになった。6日のうち5日が労働日、残りの1日が共通の休日である。ソヴィエト体制は連続生産周期はあきらめたが、日曜日は復活させなかった。文化闘争は続行していたのだ。だが今度は農民が反対した。彼らは新しい週のリズムを受け入れず、従来どおり7日単位の生活をつづけ、市も7日ごと、日曜に当たる日に開かれた。その結果はまたしても腹立たしいものだった。ソ連国民が、互いに共通の時の枠組みをもたない二つのグループに分裂してしまったのだ。一方は6日単位で暮らす都市部の人々、もう一方はそれを拒絶する農村部の人々。けっきょく宗教的伝統の重みが改革に打ち勝ち、1940年、政府は週7日制を復帰させた。

　　　　ジャクリーヌ・ド・ブルゴワン

3 風刺カレンダー

冗談や悪ふざけはフランス知識人の古き伝統である。ここではラブレー，ジャリ，パタフィジック会(コレギウム)が，それぞれの流儀で暦を風刺にしている。

パンタグリュエルの占い暦書

ルネサンスの代表的作家として知られるラブレー（1494頃〜1553）は医者でもあり，当時の医者の例にもれず，気象予想や治療の吉凶に関するまじめな暦書を書いていた。その一方で彼は，迷妄な占い暦書を痛烈に風刺した暦書のパロディーも書いていた。以下にその一部を引用する。

今年の食について　第2章

今年は太陽と月の食が頻発するだろう。このためわれらの財布が栄養失調に陥り(*1)，感覚がかき乱されるのではないかと余は恐れている（その理由は十分にある）。

土星は逆行し，金星は順行し，水星は行きつ戻りつするだろう。そして多くの星が諸君の命令通りに動かないだろう。

よって今年は，カニは横ばいし，縄作りは後ずさりするだろう。腰かけはベンチの上に乗り，焼串は焼台の下に，縁なし帽は縁あり帽の下に入るだろう。きんたまは袋のせいで何度も固くなり，ノミは大部分が黒くなるだろう。肉は四旬節にエンドウ豆から逃げ，腹は前に進み，尻は真っ先に座り，王様のガレットの中にソラマメは見つからないだろう(*2)。トランプのエースには巡り会えず，どんなにサイコロをなでても望んだ目は出ず，期待通りのチャンスはそうそうやって来ず，いろんな場所で獣が口をきくだろう。謝肉祭は四旬節に勝訴

し(*3), 世界の半分が仮装をして残りの半分をだまし, 正気を失って気が狂ったように町中を走りまわり, かつてない無秩序が現出するだろう。そして今年は, もしプリスキアヌス(*4)がしっかり見張っていなければ, フランス語に大量の不規則動詞があらわれるだろう。神のご加護がなければ, 多くの厄介事がわれらに降りかかるだろう。だが逆に神が味方してくだされば, 何ものもわれらを害することはできないだろう。天まで引き上げられた, あの天上の占星術師も言っておられる。もし神がわたしたちの味方なら, 誰がわたしたちに敵対するだろう(*5), と。いやまったくもって, 主よ, 誰もいたしません。なぜなら神はあまりにも善良で, あまりにも強いから。ここで諸君もそうなるように, 神の聖なる御名を称えなさい。

今年の病気について　第3章

今年, 盲者は少ししか見えず, 聾者はよく聞こえず, 啞者はほとんどしゃべれないだろう。金持ちは貧乏人よりは元気で, 健康な人は病人より体調がいいだろう。羊, 牡牛, 豚, 鷲鳥のひな, 若鶏, あひるが若干死ぬが, 猿とラクダはそれほどひどい死には見舞われないだろう。老化は, 年が過ぎてしまったので, 今年は治すことができないだろう。胸膜炎にかかった人は脇腹が大いに痛み, 腹がゴロゴロする人は何度もなく便座に座り, カタルは今年は脳から下半身におりてくるだろう。目の病いは見ることの妨げとなり, 耳はよく聞こえず, ガスコーニュ地方ではいつも以上に耳が少なくなるだろう(*6)。そしてほとんど世界中に, 恐ろしいぞっとするような病気が蔓延するだろう。邪悪で, 背徳的で, 悲惨で, たちの悪いその病気は, 全世界を仰天させ, その中の何人かはどうしてよいかわからず, 賢者の石だのミダス王の耳だのでもっともらしい理屈をでっちあげ, 妄想にまかせて文章を書くだろう。それを考えると余は恐怖におののく。なぜなら, 言っておくがこの病気は伝染性で, アヴェロエスはこれを『クルリヤート』第7章の中で金欠病と呼んでいるからだ(*7)。

そして去年の彗星と土星の逆行を考慮すると, 一人のろくでなしの大男が全身をカタルに侵され, かさぶただらけになって施療院で死ぬだろう。その死とともに, 猫の間にも鼠の間にも, 犬, 野兎, ハヤブサ, あひるの間にも, はたまた修道士や卵の間にも, 恐ろしい反乱が持ち上がるだろう。

（*1）錬金術の用語では太陽は金, 月は銀を意味する。

（*2）「王様のガレット」は公現祭に食べる焼き菓子の名。中に干したソラマメが入れてあり, 切り分けた時にそれが当たった人が, 幸運をもたらす人としてその場の王様になる。

（*3）当時流行の画題だった『謝肉祭と四旬節の戦い』をほのめかしている。

（*4）5世紀末〜6世紀初頭のラテン語

の文法家。

（＊5）ローマ人への手紙，8章31節の言葉。したがって「天上の占星術師」とは聖パウロのことを指す。

（＊6）ガスコーニュ人は盗人だと言われていた。そして，盗みに対する刑罰は耳そぎだった。

（＊7）アヴェロエス（1126〜1198年）はコルドバ生まれのイスラムの哲学者。ただし『クルリヤート』という本は書いていない。

フランソワ・ラブレー
『パンタグリュエル1533年の占い』

ユビュおやじのカレンダー

ラブレーから大きな影響を受けた作家のアルフレッド・ジャリ（1873〜1907年）は，20世紀最初の年に，『ユビュおやじのカレンダー』第2版を出版した（第1版は1899年）。挿絵を描いたのは画家のピエール・ボナールである。

『ユビュおやじの1901年カレンダー』というタイトルの下に，「聖こんちくしょう猊下承認済」と書かれている。体裁はふつうのカレンダーと変わらないが，日の横に書かれた聖人名や行事名には，露悪趣味的な言葉，多義的な言

ユビュおやじのカレンダー

葉，卑語，造語などが並び，ジャリの面目が躍如している。図版から各月一つずつ例をあげると，脳味噌ふっとばしの祭日（1月1日），聖どてっ腹の日（2月7日），浣腸の祭日（3月17日），聖鯖（または女術）の日（4月16日），聖糞ったれぃの日（5月10日），聖金持ちの日（6月1日）など。さらに次のような脚注がついて，同好の士を喜ばせる。

「＊印のついた名前は，官公庁発行の冊子『共和暦第11年芽月2日の法律に則り，出生確認のための戸籍簿に登録できる名前一覧』からとった。

共和暦11年芽月2日の法律──名，および姓の変更に関して

第1章　名

第1条　本法律の公布以降，**各種暦**に使用されている名と，古代史の著名人物の名のみが，子供の出生確認のための戸籍簿に，名として受理されうるものとする。公務員は，出生証明書に書かれた他のいかなる名も認可してはならない。

この法律に則り，すべての納税者は各々の当該市役所で，本暦表の貸出しを要求されたし」。

パタフィジック万年暦

ジャリに続けとばかり，彼を敬愛する作家や画家たちが新しい暦を編み出した。

パタフィジック会(コレギウム)は『パタフィジック学者ファウストロル博士の言行録』(*1)を後ろ盾に，1948年5月11日に設立された。おもな顔ぶれはレーモン・クノー，パスカル・ピア，ジャック・プレヴェール，ホアン・ミロ，フランソワ・カラデック，ボリス・ヴィアン，マルセル・デュシャン，ウジェーヌ・イヨネスコ，ジャン・デュビュフェらである。会(コレギウム)の設立後まもなく，「『筆舌に尽くせぬほどみじめな』旧来の暦法を改革する」事業がはじまった。こうしてアルフレッド・ジャリの暦にヒントを得た新しい暦法が，76年砂月，会発起人副後見人閣下により発布されたのである。

新しい暦法は1873年9月8日，つまり『ユビュおやじ』の作者の誕生日を起点としている。彼の生まれた年がパタフィジック暦の元年であり，その暦日が毎年の元日（絶対月1日）に当たっている。パタフィジック暦の1ヶ月は28日，1年は13ヶ月で構成されている。各月の最後にフンヤ日と呼ばれる架空の29日目が付け加わり，パタフィジック暦の1年は全部で377日となる。このように暦法が整備されたおかげで，『パタフィジック会占星術特別法廷作成・刊行パタフィジック万年暦』が完成し，ここにすべての「至高祭日」が確定した。そしてこれを補うべく『諸聖人の生涯』が，『パタフィジック・シンバルの器官誌』につづき『証言命令書』の誌上で発表されたが，これは会(コレギウム)も教理問答書を持つべしという，超越太守ボリス・ヴィアンの意向を反映したものである。

パタフィジック暦では，アルフレッド・ジャリが生まれた絶対月に1年がはじまり，その後，サモサタの聖ルキアノスの日(*2)，旅人聖バルダミュの日(*3)，『青ろうそく』の著者が命を捧げた聖アプサントの日(*4)，と聖人の日が続いていく。だが一方ではこの暦を会(コレギウム)の図書目録として理解することもできる。その意味でこの暦は，書物研究と聖人研究が結びついた世にも珍しい例となっている。特に称えられているのはマラルメ，ランボー，ジュリアン・トルマ，ダダ，ジャック・ヴァシェ，アルトー，マックス・ジャコブ，レーモン・ルーセル，エリック・サティなどである。

かつてイヨネスコはパタフィジック会を評して「悪ふざけの好きな高等師範生(ノルマリヤン)のお

141

遊び」と皮肉ったことがある。だがそれにもかかわらず多くの人が、現代の問題に対する「想像力による答え」を、この暦法とそれに付随する書物の中に見い出し、われわれの世界と多くの部分を共有する別の世界が動き始めたことを見て取った(*5)。

西暦2000年という年は、俗暦1977年に第2世紀目に入った会(コレギウム)にとって大した意味はない。しかし副後見人オパックにより、会は1975年から2000年まで休止することが決められているので、会(コレギウム)の未来に関する重大な決定がここ数年のうちに下されることになろう。

ジャン＝ディディエ・ヴァグヌール
『国会図書館ジャーナル』2000年1月第4号

（＊1）ジャリの死後刊行された小説。パタフィジックとはメタフィジックをもじったジャリの造語。

（＊2）シリアのサモサタに生まれたギリシアの作家（125頃〜192頃）。しきたりや偏見を茶化する多くの作品を書いた。ラブレーやスウィフトに大きな影響をあたえた。

（＊3）セリーヌの小説『世の果てへの旅』の主人公。

（＊4）『青ろうそく』の著者はジャリ。アプサントは酒で身を滅ぼしたジャリがよく飲んでいた強い酒。

（＊5）『ファウストロル博士言行録』によれば、パタフィジックとは「決まりきった世界の代わりに人々が見るかもしれない世界について述べるもの」「想像力によって答えを出す学問」である。

『パタフィジック万年暦』の第2月

4 世紀と千年紀

グレゴリオ暦の年数表示に使われる十進位取り記数法は，100の倍数や約数をことのほか目立たせる。だが長期的な事象のすべてを，世紀と千年紀でとらえることができるのだろうか。

世紀，この一見便利なもの

時代区分の混乱の中に，ある流行がすべり込んできた。かなり最近だ，と思う。とにかくそれは，根拠が不確かなだけに，恐ろしい勢いで広まった。今，われわれは，好んで世紀で時をはかる。

周知のように，この言葉は正確な年数計算とは久しく無縁であり，言葉がたいていそうであるように，初めは神秘的な響きをもっていた。ちょうど［ウェルギリウスの有名な］牧歌第4歌や，［死者ミサに歌う賛美歌］『怒りの日(ディエスイラエ)』のように。おそらくその余韻は，人々が時を正確にあらわすことにそれほどこだわらず，のんびりとペリクレスの世紀やルイ14世の世紀(*1)を生きていたころには，まだすっかり消えてはいなかっただろう。だが今日ではもっと厳密な，数学的な言葉が用いられるようになった。われわれはもはや世紀を英雄の名で呼んだりはしない。最初に出発点を決め，そこから百年，はい次の百年と，おとなしく一列に並ばせ，順に番号を振っていく。13世紀の美術，18世紀の哲学，「愚かしき19世紀」(*2)……。数字の仮面をかぶったこのものたちは，われわれの書物のいたるところに出没する。一見便利なこの言葉の誘惑に負けたことがないと，胸を張って言える者がいるだろうか。

不幸にして，一の位の数字が1になる年が人類の歴史の転換点にあたるというような都合の良い歴史法則は存在しない。ここ

から奇妙な意味の転換が生じる。「よく知られているように18世紀は1715年に始まり、1789年に終わる」。これは最近わたしが出くわした学生の答案である。単純にそう信じているのか。それとも教師をからかっているのか。わたしにはわからない。ともかくそのおかげで、世紀という言葉を用いる時のある種の奇妙さが浮き彫りになった。もっとも、哲学に関していえば、18世紀は1701年よりずっと前に始まったと言う方が良いのではないかと思う。[フォントネルの]『神託の歴史』は1687年に出ているし、ピエール・ベールの『歴史批評大辞典』は1697年に出ているのだから。ともかく、一番困るのは、言葉が（いつもながら）観念を誘発するため、まちがった名札にだまされて商品そのものを見誤ることだ。たとえば「12世紀のルネサンス」ということがよく言われる。確かに、特筆すべき知の一大潮流ではあるが、しかしわれわれはこの題目の下に、実はそれが1060年頃に始まったという事実をあまりに安易に忘れがちであり、その結果いくつかの重要な関係を見落としてしまう。要するにわれわれはどうやら、本来規則性とは何の関係もない現実を、振り子のような正確無比なリズムにしたがって（とはいえ振り子の選び方は恣意的なのだが）区分けしているようなのだ。それは一種の賭けに等しい。当然その手綱さばきは難しく、より一層の混乱を招く結果になってしまった。もちろん、もっと良いものを探すべきなのである。

（＊1）世紀という言葉は、フランスではかつて「治世」という意味で使われていた。
（＊2）バルザックの言葉。レオン・ドーデの著書の題名にも使われた。

マルク・ブロック
『歴史のための弁明』1974年

世紀の横暴

年より長い暦の単位として、大勝利をおさめたのは世紀、つまり百年という期間である。世紀を意味するラテン語のsaeculum（サエクルム）は、古代ローマではさまざまな期間をあら

↑ノストラダムス（1503〜1566年）の『予言』によれば、世界は1999年7月に滅亡するはずだった。

↑『ヨハネの黙示録』の絵解き──世界の終わりを描く『ヨハネの黙示録』は至福千年信仰の土台になっている。

わし，人間の世代という観念に結びつけられることが多かった。キリスト教会のもとでもこの言葉の古い意味は保たれたが，一方，あの世との対比で，地上の生，人の生という新しい意味が付け加えられた。だが16世紀，一部の歴史家や碩学の間で，時を百年単位で区切ろうという考えが生まれてきた。この単位が表す時間はかなり長く，100という表記は簡単で，世紀を意味する単語[siècle]にはラテン語の威光が残っていたが，それにもかかわらずこれが定着するまでには非常に長い時間がかかった。この言葉と術語がはじめて本格的に用いられたのは18世紀のことである。それ以後，便利で抽象的な世紀の概念は，全歴史に対してその横暴ぶりを発揮することになった。今やすべてがこの人工的な鋳型の中に収まらなければならない。まるで世紀という名の

何かが実在するかのように。まるでそれが何かまとまりをもっているかのように。まるで物事が、ひとつの世紀から次の世紀へと乗り換えていくかのように。そんなわけで歴史家たちは、本当に流れた歴史的時間の意味を理解するためには、まずこの世紀の支配を破壊しなければならなかった。

ジャック・ルゴフ
『暦』（『エイナウディ百科事典』第2巻所収）

千年紀、恣意的な規則性

古生物学者スティーヴン・ジェイ・グールドは、ミレニアムの呪縛を次のように読み解いている。

天のしくみは、日、朔望月、年といった現実に存在する周期をつくりだした（ほとんどすべての文化の暦がその存在を知っている）。だがわれわれ、少なくとも西洋人は、それより長い周期も考えだした（世紀と、とくに千年紀）。その定義は厳密きわまりないが、長さはまったく恣意的に決められている。物理学的および生物学的自然のなかに、10や100を周期として動くものなど何もありはしない。したがって世紀末の不安も、［世界の終わりと信じられた］西暦1000年の「恐怖」をめぐる論争も、2000年に起こるといわれる出来事についての論争も、もとはといえばわれわれが十進法と、特定の年にがらりと表示が変わる位取り記数法を採用したせいなのだ（1999年から2000年への移行のように、年数表示の数字が4つとも変わるのは千年に一度しかない）。極端な話、人間の手指が10本であるという生物学的事実にもとづいて、十進法は自然だと言ってもかまわないかもしれない。けれどもわれわれの指が10本なのは歴史の偶然にす

⇑2000年に突入するとき、パニックは起こらなかったが、メディアは過熱した。

ぎない。はじめて地球に現れた脊椎動物は、それぞれの手に6ないし8本の指をもっていた。そしてその後、指の数が5本に減ったのは、必然的な進化だったとは考えられないのである。

まず数表記の持つこの奇妙な性質を頭に入れてほしい。そこに人間的な特徴を二つ付け加える。一つ目は、一見混沌としているこの世界にある種の規則性が成り立っていてほしいという心理的欲求、世界の意味を解明し、涙の谷に慰めを見いだしたいという願望である。二つ目は、この願いに答えるためにわれわれの社会が作り上げてきた特別な神話、たとえば、もうすぐイエスが再臨して至福の千年間地上を支配するというような、『ヨハネの黙示録』20章にもとづく終末論信仰である。そうすれば、2000年や2001年に起こるごくあたりまえの推移がどういう意味をもっているか（人間的にはきわめて深い意味があるのだが）もうおわかりになるだろう（ここで2001年を加えたのは、新世紀を西暦何年から始めるべきかという、もうひとつの無意味だが侃々諤々の論争を思い出してもらうためである）。

われわれがミレニアムにかくも幻惑されるという事実、そこにこそ人間の本性のもっとも基本的かつ逆説的な特徴があらわれている。その特徴は人類の歴史を通じて、良きにつけ悪しきにつけ（後者の方が断然多いが）たえず発揮されてきた。人間は構造を探し求める生き物なのだ。われわれはまわりの環境に秩序を見出さずにはいられない。その秩序に意味があろうとなかろうと、われわれの考えるような究極原因があろうとなかろうと……。

それほど必要としているこの秩序を探し求めるうち、人間は自分が物語作家でもあることを発見した。言いかえるとわれわれには、歴史的事件の連なりに意味を見出したい（あるいは、部外者から見ると、意味などなさそうに思えるものを解釈したい）という欲求があり、一貫性のある物語、たいていはわれわれのちっぽけな惨めさを軽減してくれるような寓話をつくりたいという欲求があるのだ（ミレニアムに関して例をあげると、ビッグバンでこの世が終わったのち、新たな黄金時代が始まるといったたぐい話）。ところが自然界では、お気に入りの物語の筋書き通りに事が運んでくれないものだから、われわれは業を煮やして、歴史に起こる規則的な現象や不規則現象について、しばしばまちがった説明をでっちあげるのである。

スティーヴン・ジェイ・グールド
『時の終わりについての対話』

おもなキリスト教典礼

待降節――クリスマス前の4週間。悔い改めの時期。

クリスマス（降誕祭）――12月25日。キリストの降誕を祝う。

公現祭――1月6日。東方の占星学者が幼子イエスを訪れて礼拝したことに因む。

謝肉祭――公現祭から四旬節の前日まで。

マリア聖燭節――2月2日。キリスト降誕から40日目,聖母マリアの浄化とイエスの神殿詣でを記念する祝日。古代ローマ祭りをキリスト教化したもの。

肉の火曜日――謝肉祭の最終日。四旬節を前に肉の食べおさめをする。

灰の水曜日――四旬節初日の水曜日。この日,教会では司祭が信者のひたいに灰で十字を描き,人間が塵から生まれ塵に帰るべき存在であることを思い出させる。

四旬節――復活祭までの主日を除く40日の斎戒期。キリストが荒野で40日間修行したことに因む。

復活祭――春分後の最初の満月につぐ日曜日。キリストの復活を祝う。

祈願祭――昇天祭直前の3日間に行われる豊作祈願祭。古代ローマで収穫の女神ケレスに捧げられていた祭をキリスト教化したもの。

昇天祭――復活祭から40日目の木曜日。キリスト昇天の奇跡を祝う。

聖霊降臨祭（ペンテコステ）――復活祭から50日目の日曜日。「ペンテコステ」とはギリシア語で50番目の意。ペンテコステはもともとユダヤ教の祭（モーセが神から律法を授けられたことを祝う）だったが,キリスト教はこれを,イエスの弟子たちの上に聖霊が降臨したことを記念する祝日に変えた。

INDEX

あ▼

アウグストゥス　49
アウレリアヌス帝　52
アステカ(暦)　18・39
アストロラーベ　56・72・73
アッシャー, ジェームス　66
アッシリア　
アッバース朝　72
アテネ　26・42
アトス　85
アブラハムの犠牲　22
アプロディテ　46
アラー　22・109
アラビア　72・107
アリウス主義　51
アル=バッターニ　72
アルブヴァクス, モーリス　102
アルフォンソ10世　73
アル=フワーリズミー　73
アレクサンドリア　37・38・43・48・64・65・107
アレント, ハンナ　91
安息日(シャバト)　36・37・50・106
イエス・キリスト　

49・50・61・66・67・106
イエズス会　85
生贄　39
イシドルス(セビリヤの)　77
イスラエル　98・111
イスラム(教・暦)　
18・22・30・36・37・39・72・73・75・80
移動祭日　78
イヌイット　31
イラン　33
インド　37・72
インドネシア　36
ヴィシー政権　115
ヴィダル=ナケ, ピエール　42
ヴェルナン, ジャン=ピエール　42
雨季　31
ウマル=ハイヤーム　72
閏月　23・26・27・41・46・48・49・109
閏年　22・27・29
閏日　41・49・88・107
英国国教会　84
エーコ, ウンベルト　102
エジプト　
22・25・27・29・33・36・42・43・89・106

エリアス, ノルベルト　25
エリアーデ, ミルチャ　33・41
『永遠回帰の神話』　33
エルサレム　43・85
エレファンティネ島　29
オウィディウス　46・119-120
大時計　71・76・77・87
オショモコ　19
オスマン・トルコ　72
オディロ　59

か▼

カエサル, ユリウス　29・43・45・48・59・107
科学　40
下弦(月)　21
ガラタ天文台　72
ガリア　17・18
カルヴァン　85
カルケドン公会議　107
カレンダー　86・87・89・95・110・127-128
乾季　31
祈願祭　52・58
祈年殿　41
教会(ローマ教会)　49・51・52・53・55・56・58・64・65・67・73・76・77・79・81

教会暦　50・55・56・58・68・85・106
共和制宣言(フランス)　88・91
ギリシア　18・22・26・33・36・37・39・43・46・65・72
キリスト紀元　64・65・104
キリスト紀年法　67・68
キリスト教　36・37・39・49・50・58・59・68・75・107・108・109・112・114・80・105
キリル　65
愚人祭り　51
グラネ, マルセル　40
クリスマス　45・49・51・52・112
グリニッジ標準時　100・101
クリュニー修道会　59
グールド, スティーヴン・ジェイ　17・144-147
クレイステネス　42
グレゴリウス3世　59
グレゴリウス13世　80・82・83
グレゴリオ暦　22・82・83・84・85・87・91・98・99・100・105・110・125・133-135

149

INDEX

クレメンス4世	80	最後の審判	68	守護聖人の祭日	91	聖嬰児祭	33
携帯用カレンダー(ユダヤ教)		祭日	41・47・53・79・111・114	呪術	33	『聖エリザベトの詩篇集』	
	27	朔望月	21・22・26・29・42・110	「出エジプト記」	26		61
夏至	25・31・33・35・40・58	サトゥルヌス祭	33・47・52	十進法	88	世紀	101・143-147
月食	41	サン=キュロットの日	88	巡幸	41	政教和約	91
ケプラー,ヨハネス	73・83	シェニエ	91	旬日	36	聖ゲオルギウス	78
ケルト	59	四旬節	53	春分	31・33・50・58・79・81	聖十字架祭	56
ゲルマニア	33	十戒	37	春分点	21	聖書	37
原子時	100・101	十干	38・39	小アジア	33・37・52・64	聖人	57・61・68・78・85・88・120-
公現祭(エピファニー)		時禱書	61・65・69・77	上弦(月)	21・47		124,125-127
	51・52	シバクトナル神	19	小ディオニシウス	64・65・66	聖ニコラス	61
黄帝	40	四分儀	72	昇天祭	53・58	聖バルテルミーの虐殺	83
公転(太陽)	26	「詩篇」	66	除酵祭	26	聖ブラシウス	58
公転(月)	21	謝肉祭	33・50・52・55	ジョット	67	聖母被昇天祭	112
公転周期(太陽)	19	シャマシュ(太陽神)	23	処方書	75	聖マルティヌス	56
公転周期(月)	18・21	ジャリ,アルフレッド		シリウス	28・29	聖ミカエル	56・57・77
黄道12宮	65・75・87		139-140	シン(月神)	23	聖ヤコブ	78
五月の木	53	『ユビュおやじのカレンダー』		神官	29・41・42・45・46・48・49	聖ヨハネ	58・78
コプト(教・暦)	18・106・107		139-140	新月	21・30・64・110	聖ヨハネの火祭り	53・91
コペルニクス	80	シャルトル大聖堂	56	神聖ローマ帝国	79・82	聖霊降臨祭	50・53・112
『天体の回転について』	80	シャルル9世	69	新年	29・33・46	聖レミギウス	56・77
コーラン	22・109	ジャンセニスト	85	スエトニウス	45	セルバヴェル,エリアタール	
コンスタンティヌス帝	50	宗教戦争	81	スカリジェル,ジョセフ	35		106
渾天儀	43・80	獣帯	65	過越しの祭り(ペサフ)		セレウコス朝	64
		十二支	38・39		26・27・50	占星術	36・42・73・75・78・87
さ▼		秋分	31・33・58	ストーンヘンジ	25	洗礼者ヨハネ	58・59
		祝祭日	18	聖アウグスティヌス	52		

150

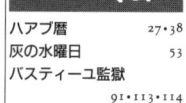

INDEX

「創世記」	30・36・109	ダヴィッド	91
ソヴィエト連邦(の暦)	135-136	種まき	27・75
ゾロアスター教	107	ダンカン,デヴィッド・E	
		断食	22
		チェスタフィールズ	84

た▼

太陰太陽暦	23・26・109・110	地動説	80
太陰年	33・46	ナポレオン	91
太陰暦	17・21・22・23・26・41・51・75	ツォルキン暦	27・39
対抗宗教改革	83	月	18・19・22・23・30・31・36・40・49・67・73・126・127
待降節(アドヴェント)	52・53	罪なき聖嬰児の祭り	51・58
大天使ガブリエル	58・78	ディオクレティアヌス帝	64・65・107
大天使ミカエル	58	ティマイオス	30
太陽	18・19・21・24・25・26・27・28・29・30・31・33・36・39・40・41・52・67・69・73・77	テオフィラクトス	51
太陽年	19・21・22・23・26・33・42・43・46・48・52・53・69・72・79・81・82	天壇	41
太陽の石	39	天地創造	37・64・66・68
太陽暦	17・27・29・30・41・43・48・51	天文学	38・40・41・42・43・48・51・56・72・82
		冬至	31・33・51・52・58・59・110
		東方教会	51・59
		トト	107
		土用	41
		ドレスデン絵文書	28
		トレント公会議	80・82

な▼

ナイル川	28・29	ハロウィン	115
ナオス	36	万聖節	53・59・112
ナポレオン	91	ビザンティン帝国	68
ニカイア公会議	50・81	羊飼いの暦	79・122・123
日没	21・30	ヒッパルコス	42・43
日曜日	37・50・53・61・77・79・85・88・91・112・114	日時計	35
		日の出	19・21・28・29
日刊紙	99	ヒレル二世	26
日食	41	ヒンズー教	38
ニュートン	66	ファーブル・テグランティーヌ	88・91・131

は▼

ハアブ暦	27・38	フェーブル,リシュアン	124
灰の水曜日	53	福音書	51
バスティーユ監獄	91・113・114	復活祭	49・50・51・53・64・67・68・78・112
パタフィジック万年暦	140-142	プトレマイオス	42・75・79
バッカス祭	33	『テトラビブロス』	75
バビロニア	22・26・29・36・42・65	プトレマイオス3世	41
バビロン捕囚	37・106	ブラーエ,ティコ	73
		プラトン	30
		フランシスコ会	80
		フランス革命	87・91・112・114
		フランス革命暦(共和暦)	87・88・129-133・133・135

INDEX

ブリューゲル子,ピーテル 84
ブリューゲル父,ピーテル 55
ブロック,マルク 143・144
プロテスタント 82・83・84・85
ベーコン,ロジャー 80
ヘジラ 39
ペスト 73
ベーダ 64・66
『イギリス教会史』 64
『年代論』 64
「ペテロの手紙2」 66
『ベリー公のいとも豪華なる時禱書』 63
ペルシア 21・30・42・72
ヘールプラント,ヤーコプ 85
ヘロデ王 58・66
ホガース 85
北極 31
ボナール,ピエール 139・140
ボニファティウス8世 66
ボミアン,クリストフ
ボルボニクス絵文書 19
ホロコースト 111

ま▼

マイア 46
マイエッロ,フランチェスコ 77
祭り 18・22・26・30・42・78
マヤ (人・暦) 18・25・27・28・38・42
マリア 59
マリア聖燭節 52・69
「マルコによる福音書」 67
マルス 46
マロリー,ジャン 31
満月 21・30・41・47・50・80
ミシュレ,ジュール 129・133
水時計 35
ミトラ 52
ムハンマド(モハメッド) 22・39・109
明治維新 98
明堂 41
メソポタミア 22・33・38・42・43・65
メッカ 39
メーデー 114・115
メディナ 39

メトン周期 26・110
毛沢東 98
モーセ 26
モンテーニュ 125

や▼

ヤヌス 46
ヤハウェ 37
郵便 95・127・128
ユダヤ(教・暦) 18・26・27・33・36・37・39・50・75・80・98・106・110・109
ユノ 46
ユリウス暦 45・47・49・64・79・80・81・82・84・85・107・110
ヨハネス1世 65

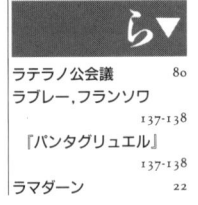

ら▼

ラテラノ公会議 80
ラブレー,フランソワ 137・138
『パンタグリュエル』 137・138
ラマダーン 22

ラルサ 38
ランド,ダビッド 8
リクール,ポール 18・85
リッリオ,ルイジ 81・82
ルイ14世 86
ルゴフ,ジャック 53・68・101・144-146
ルター 83
ルブラン,フランソワ 53
ルペルカリア祭 47
ルーン文字 17
レオ10世 80
ロシア正教会 85
ロベスピエール 89
ローマ(人,暦) 18・29・30・33・36・37・39・41・43・46・48・49・50・54・59・64・66・107
ローマ教会→教会(ローマ)を見よ
ロンム,ルベール 88・129-133

出典(図版)

【口絵】
西暦2000年元旦に行われた世界各地の祝賀行事。

5●ニューヨーク, タイムズ・スクウェアの花火。
6〜7●ベルリン。
8〜9●エジプト, ギザのピラミッド付近で行われた音と光のショー。
10〜11●香港。
12〜13●シドニー, オペラハウス上空の花火。
15●黄道十二宮図。版画。

【第1章】
16●コリニーの暦(部分)。ブロンズに線刻。リヨン, ガロ=ロマン文明博物館。
17●ルーン文字の暦。オラウス・マグヌス著『北方諸国の歴史』(1561年)所収。
18〜19●暦の作成。ポルボニクス絵文書。パリ, 国民議会図書館。
20●月の公転。ペルシアの細密画。16世紀。イスタンブール図書館。
21●マンモスの牙に彫られた6面のカレンダー。東シベリア出土。パリ, 人類博物館。
22●イスラムのカレンダー。パリ, アラビア研究所。
23上●刻み目がつけられたトナカイの角。レゼジー出土。前3万年〜前2万5000年頃。サンジェルマン=アン=レー, 民族考古博物館。
23下●アッシリアの石碑に彫られた月神シン。テル=アフマル出土。前8世紀。アレッポ博物館。
24〜25●ストーンヘンジの巨石建造物。
26〜27●ユダヤ教の携帯用カレンダー。19世紀。ポーランド。
27●過越祭のための装飾パン。ユダヤの写本。
28●マヤの暦。ドレスデン絵文書。1250年頃。
29●古代エジプトの暦。新王国第18王朝時代。パリ, ルーヴル博物館。
30●太陽と月。ペルシアの細密画。17世紀。イスタンブール大学図書館。
31●秋。中国の木版画。
32●ニュレンベルグの謝肉祭。15世紀。
34上●エジプトの水時計(断片)。プトレマイオス朝時代。パリ, ルーヴル博物館。
34下●エジプトの日時計。パリ, ルーヴル博物館。
35上●アテネの裁判所の水時計。前5世紀。アテネ, アゴラ博物館。
35下●ローマ時代の日時計。モロッコ, ヴォリュビリス遺跡出土。ラバト, 考古学博物館。
36●古代エジプト, 旬日のナオス。第30王朝時代。パリ, ルーヴル博物館。
37●『7日目』。細密画。『ニュレンベルク年代記による天地創造』(1483年)所収。
38〜39●太陽の石。アステカ文明。メキシコ, 人類学博物館。
39下●四角柱に刻まれた楔形文字文書。前18世紀中葉。

153

出典（図版）

パリ，ルーヴル博物館。
40上●夏至に棒の影を測る中国の天文学者。木版画。
40下●黄帝。
41●天壇の祈年殿。北京。
42～43●渾天儀で仕事をする天文学者たち。16世紀。トルコの細密画。イスタンブール図書館。

【第2章】

44● 7月の草刈り。壁画。15世紀。トレント，ブォン・コンチリオ城。
45●クリスマスの食事。柱に彫刻された暦の一部。12世紀。スヴィニー，聖マルコ博物館。
46●ヤヌスの頭部。ローマ，ヴィラ・ジュリア博物館。
47●ユリウス暦の12ヶ月と四季を描いたローマ時代のモザイク。3世紀。スース，考古学博物館。チュニジア。
48上●ローマの暦。ローマ，ローマ文明博物館。
48下●ユリウス・カエサル。大理石。ナポリ，考古学博物館。
49●初代ローマ皇帝アウグストゥス。ブロンズ。アテネ，国立博物館。
50●キリストの磔刑。モザイク。1100年頃。ダフニ修道院。ギリシア。
51●キリストの降誕。モザイク。12世紀。パレルモ，マルトラーナ教会。
52～53●月々の仕事。ザルツブルグの聖ピエトロ大修道院で発見された写本。9世紀。ウィーン，オーストリア国立図書館。
52左●柱に彫刻された暦。12世紀。スヴィニー，聖マルコ博物館。
53下●「月々の門」の浮き彫り。12世紀。フェラーラ，ドゥオーモ美術館。
54～55●『謝肉祭と四旬節の戦い』。ピーテル・ブリューゲル(父)。1559年。ウィーン美術史美術館。
56●天文学者と暦算家と書生。聖ルイ王とブランシュ・ド・カスティーユの詩篇集。13世紀。パリ，アルスナル図書館。
57●日時計をもつ天使。シャルトル大聖堂。
58上●大天使聖ミカエル。マルグリット・ドルレアンの時禱書。15世紀。パリ，フランス国立図書館。
58～59●『麦の祝福』。ジュール・ブルトン作。19世紀。アラス美術館。
59上●洗礼者聖ヨハネ。マルグリット・ドルレアンの時禱書。15世紀。パリ，フランス国立図書館。
60●12月の暦。聖エリザベトの詩篇集。13世紀。
61●12月の暦。アンヌ・ド・ブルターニュの大時禱書。16世紀。パリ，フランス国立図書館。
62～63● 9月の暦。ベリー公のいとも豪華なる時禱書。15世紀。シャンティイー，コンデ博物館。
64●尊者ベーダの暦算書。アンジェ，市立図書館。
65●太陽のまわりに配置さ

出典（図版）

れた黄道12宮と四季。11世紀。パリ，フランス国立図書館。
66◉天地創造。礼拝堂の寄木細工。ドメニコ・ディ・ニコロ作。1420年。シエナ，プップリコ宮。
67◉『最後の審判』。ジオット作。フレスコ画。パドヴァ，スクロヴェーニ礼拝堂。
68下◉7月と8月の暦。モザラベ絵文書。1052年。聖ドミンゴ修道院。
69◉2月の暦。ブルゴーニュ公爵夫人の時禱書。15世紀。シャンティイー，コンデ博物館。

【第3章】

70◉天文時計。14世紀末。ルンド市，スウェーデン。
71◉フランス共和暦2年のカレンダー。パリ，カルナヴァレ博物館。
72◉ガラタ天文台の天文学者。細密画。16世紀。イスタンブール大学図書館。
73◉アストロラーベ。1640年頃。パリ，アラビア研究所。
74◉天体の影響をうける人体。15世紀。ディジョン，市立図書館。
75◉魚座の図。トルコの細密画。17世紀。パリ，フランス国立図書館。
76◉遊星歯車装置の鐘突き大時計。15世紀の写本。パリ，フランス国立図書館。
77◉手指を使った暦算法の説明図。R.マイアール著『暦と万年暦書』所収。1586年。
78◉聖人のシンボルと肖像が描かれた暦。16世紀。シャンティイー，コンデ博物館。
79◉羊飼いの暦。1493年。ヴェルサイユ，市立図書館。
80〜81◉コペルニクス式渾天儀。18世紀。パリ，航海術骨董コレクション。
81◉クリストフォルス・クラヴィウス。版画。パリ，フランス国立図書館。
82〜83◉改暦会議。シエナ，国立古文書館。
84◉『十分の一税』。小ブリューゲル作。1617年。パリ，ルーヴル博物館。
85◉『われらの11日を返せ』。版画。ホガース作。1732年。
86◉『外国使節を引見する王』。1669年の暦。パリ，ルーヴル博物館，ロチルド・コレクション。
87◉星占い。版画。1771年。パリ，薬剤師会。
88◉10進法表示の文字盤がある時計。18世紀末。パリ，カルナヴァレ博物館。
89◉共和暦3年のカレンダー。パリ，カルナヴァレ博物館。
90◉共和暦のカレンダー。18世紀末。パリ，カルナヴァレ博物館。
92◉ガス会社の広告カレンダー。1892年。
93◉衣料品店の広告カレンダー。1887年。
94◉『ル・プチ・ジュルナル・イリュストレ』誌の広告カレンダー。1929年。

出典（図版）

95◉ピンナップ付きカレンダー。1952年1月。

【第4章】

96◉『時計の文字盤と馬の尻』。エンツォ・チニ作。1986〜1990年。サン・フェリーチェ礼拝堂。ボルゴ・サン・フェリーチェ。
97◉日めくりカレンダーの置物。
98〜99上◉香港の証券取引所。
98〜99下◉各国の日刊紙。
100下◉日付入り腕時計。
100〜101◉同一標準時帯付き世界地図。
102◉日付入り手帳。
103◉時計の中から見た都市の風景。アンドレ・ケルテス撮影。1929〜1932年。
104◉フラマリオンが支持した世界暦。
105◉ロウソクに火をともすジャワの仏僧。1999年大晦日。
106◉ユダヤ教の祭儀。
107◉コプトの祭儀。エチオピア。
108◉金曜日にモスクで祈るヴェトナムのイスラム教徒。
109◉『閏月を非難するムハンマド』。細密画。14世紀。エジンバラ大学図書館。
110左◉中国のカレンダー。1996年。
110右◉卯年の版画。
111◉新年の獅子舞。北京。
112〜113◉ノルマンディー上陸記念祭。1994年6月。
114◉1936年のメーデーのポスター。
115◉ハロウィンのかぼちゃ。
116◉時の車輪。砦の装飾。15世紀。インド。

【資料篇】

117◉風車形にデザインされたカレンダー。
120◉コエディックの暦。版画。
122〜123◉羊飼いの暦。木版画。16世紀。
128◉郵便局のカレンダー。1941年。パリ，郵便博物館。
130◉革命暦のカレンダー。版画。
132◉革命暦のカレンダー（部分）。
133◉霜月のカレンダー。版画。
134◉実証主義カレンダー。
139〜140◉ユビュおやじのカレンダー。アルフレッド・ジャリ作。1901年。
141-142◉パタフィジック暦。
144◉ノストラダムス著『予言』のタイトルページ。1568年。
145◉『ヨハネ黙示録』の注釈書より，洪水の場面。パリ，フランス国立図書館。
146◉西暦2000年突入を祝う花火。ニューヨーク。

参考文献

藪内清『中国の天文暦法』平凡社　1969年
岡田芳朗『日本の暦』木耳社　1972年
ベルトルト・ブレヒト（矢川澄子訳）『暦物語』現代思潮社　1976年
C.M.チポラ（常石敬一訳）『時計と文化』みすず書房　1977年
青木信仰『時と暦』東京大学出版会　1982年
池上俊一『歴史としての身体』柏書房　1992年
岡田芳朗，阿久根末忠『現代こよみ読み解き事典』柏書房　1993年
ジョルジュ・ビドー・ド・リール（堀田郷弘／野池恵子訳）『フランス文化誌事典——祭り・暦・気象・ことわざ』原書房　1996年
ディヴィッド・E・ダンカン（松浦俊輔訳）『暦をつくった人々——人類は正確な一年をどう決めてきたか』河出書房新社　1998年
佐藤幸治『文化としての暦』創言社　1998年
S.J.グールド（渡辺政隆訳）『暦と数の話，グールド教授の2000年問題』早川書房　1998年
ゲルハルト・ドールン-ファン・ロッスム（藤田幸一郎，篠原敏昭，岩波敦子訳）『時間の歴史——近代の時間秩序の誕生』大月書店　1999年
H・マイアー（野村美紀子訳）『西暦はどのようにして生まれたのか』教文館　1999年

CRÉDITS PHOTOGRAPHIQUES

E. Abramovitch 27b. AFP 5,105, AFP/R. Beck 10-11. AFP/R. Hirschberger 6-7. AFP/Marwan Naamani 8-9.AFP/W. West12-13. AKG, Paris 15,47,52,53h, 75,95,146. Archives Gallimard Jeunesse 17,28,32,58h,59h,63,77,102,104,120,122-123,128,131,133,139,140 Artephov Bapier 46. BnF, Paris couv. 5er Plat, 34,65,76,81h,92,141,144,145. Bridgeman Art Library. Paris 54-55. Jean Loup Charmet 71,87,90,93,132. CIRIP/Alain Gresgon 145 Corbis Sygma 22,73,97,112,113,115. G. Dagli Orti 16,18,19,23b,34b,35h,35b,38-39,44,45,48h,48 b,49,50,51,52b,53b,57,62,66,67,68b,69,70,72,80,81,82,83,89,96. Droits réservés 26,27,74,100b. Explorer 85. Giraudon 56,60,61,78. Kharbine Tapabor couv dos, 94,110 h,117. Mission du patrimoine photographique, Ministere de la Culture 103. Musére de l' Homme, Paris 21. Musée de la Poste, Paris 125. R. et S.Michaud 20,30,31,40h,40 b,41,42,43,109,110h,116. Photothéque des musées de la Ville de Paris 88. Rapho/H. Donnezan 98,99h,107. RMN, Paris 23h,34h,36,84.RMN/Arnaudet 39b. RMN/J. G. Berizzi 86. RMN/G. Blot 58,59b. RMN/H. Lewandowski 29. Sunset/ Zimmerman 111. Stock Image/National Geographic/Steve Rayner 108. Stock Image/National Geographic/ Ted Spiegel 106. Jean Vigne 64,79.

[著者]**ジャクリーヌ・ド・ブルゴワン**
パリ政経学院助教授。地理学の大学教授資格所有者。テレビの歴史シリーズで、暦の歴史についての番組を制作している……

[監修者]**池上俊一**（いけがみしゅんいち）
1956年生まれ。東京大学文学部卒。現在東京大学大学院総合文化研究科教授。西洋中世史専攻。1986〜88年にフランスに留学し、社会科学高等研究院でジャック・ルゴフの下に研鑽を積む。著書に『ロマネスク世界論』（名古屋大学出版会）、『万能人とメディチ家の世紀』（講談社）、『狼男伝説』（朝日新聞社）、『身体の中世』（ちくま学芸文庫）、『遊びの中世史』（ちくま学芸文庫）、「動物裁判」（講談社現代新書）など、監修に『魔女狩り』、『吸血鬼伝説』、『十字軍』、『美食の歴史』、『死の歴史』（創元社、本シリーズ）など多数ある……

[訳者]**南條郁子**（なんじょういくこ）
1954年生まれ。お茶の水女子大学理学部数学科卒。仏文翻訳者。訳書に『十字軍』、『ヨーロッパの始まり』、『ミイラの謎』、『宇宙の起源』、『ギュスターブ・モロー』、『ラメセス2世』、『古代中国文明』（ともに本シリーズ）がある……

「知の再発見」双書96	暦の歴史
	2001年5月20日第1版第1刷発行 2016年6月20日第1版第5刷発行
著者	ジャクリーヌ・ド・ブルゴワン
監修者	池上俊一
訳者	南條郁子
発行者	矢部敬一
発行所	株式会社 **創元社** 本　社❖大阪市中央区淡路町4-3-6　TEL(06)6231-9010(代) FAX(06)6233-3111 URL❖http://www.sogensha.co.jp/ 東京支店❖東京都新宿区神楽坂4-3煉瓦堂ビルTEL(03)3269-1051(代)
造本装幀	戸田ツトム＋岡孝治
印刷所	図書印刷株式会社

落丁・乱丁はお取替えいたします。

©2001 Printed in Japan ISBN978-4-422-21156-5

JCOPY〈（社）出版者著作権管理機構　委託出版物〉

本書の無断複写は著作権法上での例外を除き禁じられています。複写される場合は、そのつど事前に、（社）出版者著作権管理機構（電話 03-3513-6969、FAX 03-3513-6979、e-mail: info@jcopy.or.jp）の許諾を得てください。

◉好評既刊◉

B6変型判/
カラー図版約200点

「知の再発見」双書
〜おおいなる神秘〜

⑨天文不思議集
荒俣宏〔監修〕

⑯魔女狩り
池上俊一〔監修〕

⑰化石の博物誌
小畠郁生〔監修〕

㉒アマゾン・瀕死の巨人
大貫良夫〔監修〕

㉖象の物語
長谷川明/池田哲〔監修〕

㊱ヨーロッパの始まり
大貫良夫〔監修〕

㊾宇宙の起源
佐藤勝彦〔監修〕

(59)アインシュタインの世界
佐藤勝彦〔監修〕

(61)フリーメーソン
吉村正和〔監修〕

(72)錬金術
種村季弘〔監修〕

(74)数の歴史
藤原正彦〔監修〕

(91)巨石文化の謎
蔵持不三也〔監修〕

(96)暦の歴史
池上俊一〔監修〕